Imagine Infinite!

창의영재수학

아이앤아이

고급
초등6~중등 Ⓓ

규칙
스페인편

창의영재수학
아이 앤 아이

영재들의 수학여행

01 수학 여행 테마로 수학 사고력 활동을 자연스럽게 이어갈 수 있도록 하였습니다.

02 키즈 – 입문 – 초급 – 중급 – 고급으로 이어지는 단계별 창의 영재 수학 학습 시리즈입니다.

03 각 챕터마다 기초 – 심화 – 응용의 문제 배치로 쉬운 것부터 차근차 근 문제해결력을 향상시킵니다.

04 각종 수학 사고력, 창의력 문제, 지능검사 문제, 대회 기출 문제 등을 체계적으로 정밀하게 다듬어 정리하였습니다.

05 과학, 음악, 미술, 영화, 스포츠 등에 관련된 융합형(STEAM) 수학 문제를 흥미롭게 다루었습니다.

06 단계적 학습으로 창의적 문제해결력을 향상시켜 영재교육원에 도전 해 보세요.

창의영재가 되어볼까?

교재 구성

책의 구성과 활용

단원들어가기

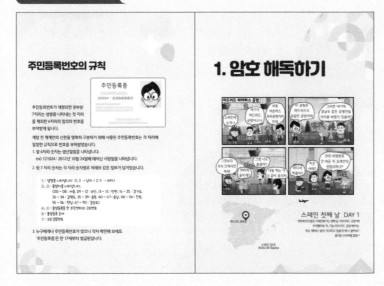

친구들의 수학여행(Math Travel)과 함께 단원이 시작됩니다. 여행지에서 수학문제를 발견하고 창의적으로 해결해 나갑니다.

아이앤아이 수학여행 친구들

전 세계 곳곳의 수학 관련 문제들을 풀며 함께 세계여행을 떠날 친구들을 소개할게요!

무우

팀의 맏리더. 행동파 리더.
에너지 넘치는 자신감과 우한 긍정으로 팀원에게 격려와 응원을 아끼지 않는 팀의 맏형, 솔선수범하는 믿음직한 해결사예요.

상상

팀의 챙김이 언니, 아이디어 뱅크.
감수성이 풍부하고 공감력이 뛰어나 동생들의 고민을 경청하고 챙겨주는 맏언니예요.

알알

진지하고 생각않은 똘똘이 알알이.
겁 많고 부끄럼 많고 소심하지만 관찰력이 뛰어나고 생각 깊은 아이에요. 야우진 성격을 보여주는 알밤머리와 주근깨 가득한 통통한 볼이 특징이에요.

제이

궁금한게 많은 막내 엉뚱이 제이.
엉뚱한 질문이나 행동으로 상대방에게 웃음을 주어요. 주위의 것을 놓치고 싶지 않은 장난기가 가득한 매력덩어리입니다.

단원살펴보기

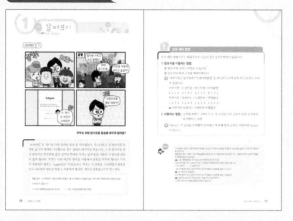

단원의 주제되는 내용을 정리하고 '궁금해요' 문제를 풀어봅니다.

대표문제

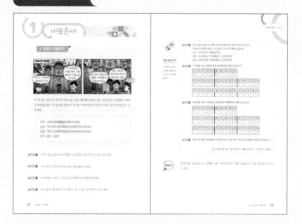

대표되는 문제를 단계적으로 해결하고 '확인하기' 문제를 풀어봅니다.

연습문제

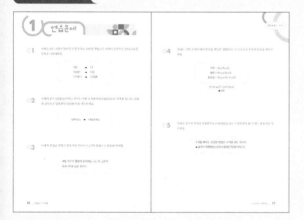

단원살펴보기 및 대표문제에서 익힌 내용을 알차게 구성된 사고력 문제를 통해 점검하며 주제에 대한 탄탄한 기본기를 다집니다.

심화문제

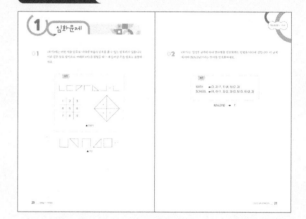

단원에 관련된 문제의 이해와 응용력을 바탕으로 창의적 문제 해결력을 기릅니다.

창의적문제해결수학

창의력 응용문제, 융합문제를 풀며 해당 단원 문제에 자신감을 가집니다.

정답 및 풀이

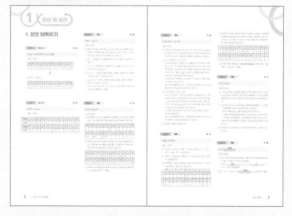

상세한 풀이과정과 함께 수학적 사고력을 완성합니다.

차례
CONTENTS 고급 초6~중등 **D** 규칙

주민등록번호의 규칙

주민등록증

121024 - ①②③④⑤⑥⑦

주민등록번호가 개정되면 뒷부분 7자리는 성별을 나타내는 첫 자리를 제외한 6자리의 임의의 번호를 부여받게 됩니다.

개정 전 개개인의 신원을 명확히 구분하기 위해 사용된 주민등록번호는 각 자리에 일정한 규칙으로 번호를 부여받았습니다.

1. 앞 6자리 숫자는 생년월일을 나타냅니다.

   ex) 121024 : 2012년 10월 24일에 태어난 사람임을 나타냅니다.

2. 뒷 7 자리 숫자는 각 자리 숫자별로 아래와 같은 정보가 담겨있습니다.

> ① : 성별을 나타냅니다 (1, 3 → 남자 / 2, 4 → 여자)
> ②, ③ : 출생지를 나타냅니다.
>   (00 ~ 08 : 서울, 09 ~ 12 : 부산, 13 ~ 15 : 인천, 16 ~ 25 : 경기도,
>   26 ~ 34 : 강원도, 35 ~ 39 : 충북, 40 ~ 47 : 충남, 48 ~ 54 : 전북,
>   55 ~ 56 : 전남, 67 ~ 90 : 경상도)
> ④, ⑤ : 출생등록을 한 주민센터의 고유번호
> ⑥ : 출생등록 순서
> ⑦ : 오류검증번호

3. 누구에게나 주민등록번호가 있으니 각자 확인해 보세요.

   '주민등록증'은 만 17세부터 발급된답니다.

1. 암호 해독하기

스페인 첫째 날 DAY 1

무우와 친구들은 스페인에 가는 첫째 날, <마드리드 공항>에
도착했어요. 자, 그럼 <마드리드 공항>에서는
무슨 재미난 일이 기다리고 있을지 떠나 볼까요?
즐거운 수학여행 출발~!

스페인 왕국
Reino de España

궁금해요 ?

무우는 어떤 방식으로 암호를 바꾸게 될까요?

‘스키테일’은 역사상 가장 오래된 암호 중 하나입니다. 가느다랗고 긴 양피지를 일정한 굵기의 막대에 나선형으로 감은 상태로 메시지를 적습니다. 그 후 양피지를 펴서 양피지만 전달하면 같은 굵기의 막대를 가지고 있지 못한 사람은 이 암호를 읽을 수 없게 됩니다. 무우는 이와 비슷한 원리를 이용해서 암호를 바꾸려 합니다. 무우가 사용하던 암호는 ‘angks123!’이었습니다. 무우는 이 암호를 스키테일식 암호문으로 나타내서 새로운 암호로 사용하려 합니다. 새로운 암호를 2가지 만드세요.

예를 들어 "스키테일은 가장 오래된 암호다"를 스키테일식 암호문으로 나타내면 아래와 같은 방법 등으로 나타낼 수 있습니다.

㉠ 스오키래테된일암은호가다장.　　㉡ 스된가키암장테호오일다래은.

암호 해독 방법

암호 해독 방법으로는 대표적으로 다음과 같은 2가지 방법이 있습니다.

1. 암호키를 이용하는 방법

① 암호키의 길이로 문장을 나눕니다.

② 암호키에 따라 글자를 재배치합니다.

예 '와무이한는상이상에스인페다여왔행'을 해독하기 위해 암호키가 4132로 주어져 있습니다.

와무이한 / 는상이상 / 에스인페 / 다여왔행

4 1 3 2　4 1 3 2　4 1 3 2　4 1 3 2

무한이와 / 상상이는 / 스페인에 / 여행왔다

1 2 3 4　1 2 3 4　1 2 3 4　1 2 3 4

➡ 무한이와 상상이는 스페인에 여행왔다.

2. 치환하는 방법 : 글자의 배열은 그대로 두고, 각 글자를 다른 글자로 일정 규칙에 따라 치환하는 방법

예 Vfkrro는 각 글자를 알파벳의 순서대로 세 번째 앞의 글자로 치환하면 School이 됩니다.

스키테일식 암호는 이를 여러 번 적어놓고 일정한 간격으로 읽었을 때 제대로 된 문장을 읽을 수 있게 만든 암호문을 뜻합니다.
예를 들어 위의 ㉠에서 "스오키래테된일암은호가다장"은 아래와 같이 2번 붙여서 적고 1글자씩 띄어서 읽으면 제대로 된 문장을 읽을 수 있습니다.
➡ 스오키래테된일암은호가다장스오키래테된일암은호가다장
이와 같은 방법으로 'angks123!'을 스키테일식 암호문으로 나타내면 다음과 같습니다.
㈀ a1n2g3k!s　㈁ ags2!nk13
㈀은 2번 붙여서 적고 1글자씩 띄어서 읽으면 제대로 된 문장을 읽을 수 있습니다.
➡ a1n2g3k!sa1n2g3k!s
㈁은 5번 붙여서 적고 4글자씩 띄어서 읽으면 제대로 된 문장을 읽을 수 있습니다.
➡ ags2!nk13ags2!nk13ags2!nk13ags2!nk13ags2!nk13
이 문장 이외의 스키테일 암호문은 만들 수 없습니다.

대표문제

1. 암호키 이용하기

이 세 명은 혹시나 제이가 미리 볼 것을 대비해 아래와 같은 암호키를 이용해서 대화를 하였습니다. 이 암호를 풀어서 세 명이 제이에게 사주려고 하는 것은 무엇인지 구하세요.

> 무우 : 슨우리선무줄물을까해 (41253)
> 상상 : 이스케크나인사페음식는때주건어 (25134)
> 알알 : 조이각크케와야파를에사어주때자 (14253)
> 무우, 상상 : 그래 !

Step 1　무우, 상상, 알알이가 말한 각 문장을 암호키의 길이로 나누세요.

Step 2　나누어진 부분부분에 암호키를 붙여 보세요.

Step 3　암호키를 이루는 숫자를 순서에 맞게 재배열하세요.

Step 4　친구들이 제이에게 사주려고 하는 것은 무엇인지 적으세요.

풀이

문제 해결 TIP

· 암호키의 길이 란 암호키를 이루 는 숫자의 개수를 뜻합니다.

Step 1 무우, 상상, 알알이가 말한 각 문장 암호키의 길이는 모두 5입니다.
따라서 각 문장을 암호키의 길이로 나누면 아래와 같습니다.
무우 : 슨우리선무 / 줄물을까해
상상 : 이스케크나 / 인사페음식 / 는때주건어
알알 : 조이각크케 / 와야파를에 / 사어주때자

Step 2 각 문장을 나눈 부분에 암호키를 붙이면 다음과 같습니다.

슨	우	리	선	무	줄	물	을	까	해
4	1	2	5	3	4	1	2	5	3

이	스	케	크	나	인	사	페	음	식	는	때	주	건	어
2	5	1	3	4	2	5	1	3	4	2	5	1	3	4

조	이	각	크	케	와	야	파	를	에	사	어	주	때	자
1	4	2	5	3	1	4	2	5	3	1	4	2	5	3

Step 3 암호키를 이루는 숫자를 순서에 맞게 재배열하면 다음과 같습니다.

우	리	무	슨	선	물	을	해	줄	까
1	2	3	4	5	1	2	3	4	5

케	이	크	나	스	페	인	음	식	사	주	는	건	어	때
1	2	3	4	5	1	2	3	4	5	1	2	3	4	5

조	각	케	이	크	와	파	에	야	를	사	주	자	어	때
1	2	3	4	5	1	2	3	4	5	1	2	3	4	5

Step 4 따라서 친구들이 제이에게 사주려고 하는 것은 조각 케이크와 파에야(스페인 음식)입니다.

정답 : 풀이과정 참조 / 풀이과정 참조 / 풀이과정 참조 / 조각케이크, 파에야

확인하기

암호키를 254613으로 정했을 때, "어린이날은 5월 5일입니다."를 암호문으로 만 드세요.

대표문제

2. 치환 암호 해석하기

미술관 입구에서는 아래와 같은 무료 입장 이벤트를 하고 있었습니다. 하지만 일정 시간대에 가야지만 무료로 입장할 수 있습니다. 문제를 풀고 무료로 입장하세요.

일정한 규칙에 따라 아래와 같이 단어들을 바꾸었습니다.

· 수 : 7 ⑦

· 수학 : 7 ⑦ 14 ① 1

· 수요일 : 7 ⑦ 8 ⑥ 8 ⑩ 4

이 규칙으로 아래의 암호문을 읽으면 무료로 입장할 수 있습니다.

· 5 ⑦ 4 ⑥ 8 ⑩ 6 9 ① 8 14 ① 6 2 ⑩ 3 ①

Step 1 '학' 과 '요일' 을 의미하는 단어를 적으세요.

Step 2 아래의 암호표를 완성하세요.

1	2	3	4	5	6	7	8	9	10	11	12	13	14
						ㅅ							ㅎ

①	②	③	④	⑤	⑥	⑦	⑧	⑨	⑩
ㅏ						ㅜ			

Step 3 암호문을 암호표에 따라 읽어 보세요.

Step 1　수 ➡ 7⑦ 이고 수학 ➡ 7⑦ 14① 1이므로 '학' ➡ 14① 1입니다.
수 ➡ 7⑦이고 수요일 ➡ 7⑦ 8⑥ 8⑩ 4이므로 '요일' ➡ 8⑥ 8⑩ 4입니다.
이에 따라 이 규칙은 자음, 모음의 순서대로 숫자로 치환한 것임을 알 수 있습니다.

문제 해결 TIP

· 자음과 모음의
순서를 생각해
봅니다.

Step 2　규칙에 따라 암호표를 완성하면 다음과 같습니다.

1	2	3	4	5	6	7	8	9	10	11	12	13	14
ㄱ	ㄴ	ㄷ	ㄹ	ㅁ	ㅂ	ㅅ	ㅇ	ㅈ	ㅊ	ㅋ	ㅌ	ㅍ	ㅎ

①	②	③	④	⑤	⑥	⑦	⑧	⑨	⑩
ㅏ	ㅑ	ㅓ	ㅕ	ㅗ	ㅛ	ㅜ	ㅠ	ㅡ	ㅣ

Step 3　위의 암호표로 5⑦ 4⑥ 8⑩ 6 9① 8 14① 6 2⑩ 3①을 읽으면 아래와 같은 문장이 됩니다.
"무료입장합니다."

정답 : 풀이과정 참조 / 풀이과정 참조 / 무료입장합니다.

고대 로마의 정치가인 카이사르는 다른 세력의 눈을 피하기 위해 암호를 이용했습니다. 카이사르는 A ➡ D, B ➡ E, …, Y ➡ B, Z ➡ C 와 같이 알파벳을 세 글자씩 뒤로 적는 방식으로 암호문을 만들었습니다. 카이사르의 방식으로 적은 암호가 dphulfd일 때, 이 암호를 제대로 된 문장으로 적으세요.

연습문제

01 아래는 0과 1로만 이루어진 수를 암호로 나타낸 것입니다. 아래의 규칙으로 101011101을 암호로 나타내세요.

101	➡	13
10101	➡	135
111011	➡	12356

02 아래와 같이 SPRING이라는 단어는 어떤 규칙에 따라 PMOFKD로 암호화 됩니다. 아래의 규칙으로 암호화된 YXHBOV를 해독하세요.

SPRING ➡ PMOFKD

03 아래의 문장을 알맞은 암호키를 만들어서 2가지 방법으로 암호화 하세요.

내일 지구의 종말이 오더라도 나는 한 그루의
사과나무를 심을 것이다.

04　아래는 어떤 규칙에 따라 암호를 해독한 것입니다. 이 규칙으로 주어진 암호를 해독하세요.

> 수학 = G u N o A
> 화학 = N s o N o A
> 화요일 = N s o H t H x D

H r D w E F o H N o A
▲ 암호

05　아래와 같이 한 문장을 암호문으로 나타내었습니다. 이 암호문을 풀 수 있는 암호키를 적으세요.

> 수학을 배우는 유일한 방법은 수학을 하는 것이다.
> ➜ 을우수학배일방는유한수을법은학것다하는이.

06 아래와 같이 일정한 규칙에 따라 도형으로 수를 표기하였습니다. A에 알맞게 들어가 야 하는 도형을 그리세요.

$$\text{OOO} + \text{OOO} = \underline{\qquad O \qquad}$$
$$\underline{\qquad O \qquad} + \text{OOOO} = \underline{\overline{\qquad\qquad}}$$
$$\underline{\qquad OO \qquad} + \underline{\qquad O \qquad} = A$$

07 아래와 같이 일정한 규칙에 따라 문장을 암호로 표현하였습니다. 이 규칙으로 '어서 가거라 저너머로'를 암호로 표현하세요.

> 아버지 = HaFclj
> 어머니 = HcEcBj

08 아래에는 어떤 암호에 대한 암호키가 주어져 있습니다. 이 암호키를 이용해서 암호로 적혀있는 비밀번호를 구하세요.

> 대소한수민소국수의수도소는수서소울수이다.
> ➡ 대한민국의수도는서울이다.
>
> ▲ 암호키

9207138786256547130 6
➡ ?

09 아래와 같이 일정한 규칙에 따라 단어를 숫자로 암호화 하였습니다. ㉠에 알맞은 숫자를 적으세요.

APPLE = 1 1 1 2 0
SUMMER = 4 1 3 3 0 3
WINTER = 3 4 4 0 0 3
BOOK = ㉠

10 아래 〈보기〉는 일정한 규칙에 따라 숫자를 도형으로 암호화 한 것입니다. 이와 같은 규칙으로 암호화한 숫자가 그림과 같을 때, 이 숫자를 구하세요.

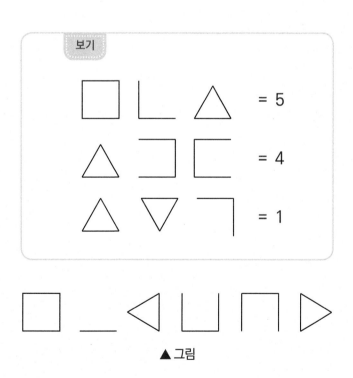

▲ 그림

01 〈보기〉에는 어떤 식을 암호로 나타낸 모습과 암호를 풀 수 있는 암호키가 있습니다. 이와 같은 암호 방식으로 아래의 〈식〉을 풀었을 때 ? 에 들어갈 수를 암호로 표현하세요.

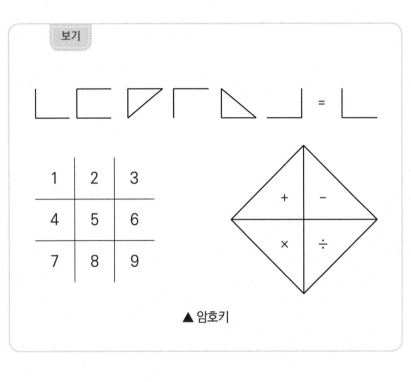

▲ 암호키

▲ 〈식〉

02   <보기>는 일정한 규칙에 따라 알파벳을 암호화하는 방법을 나타낸 것입니다. 이 규칙에 따라 IMAGINE이라는 단어를 암호화하세요.

보기

MATH   ➡ (3, 3) (1, 1) (4, 5) (2, 3)
SCHOOL ➡ (4, 4) (1, 3) (2, 3) (3, 5) (3, 5) (3, 2)

IMAGINE   ➡   ?

03 유럽의 국가들의 이름을 <보기>와 같이 일정한 규칙에 따라 암호화 하였습니다. 이 규칙에 따라 KOREA를 암호화 할 때 ㉠의 값을 구하세요.

보기

SPAIN = 104

FRANCE = 101

ITALY = 112

KOREA = ㉠

04 〈보기〉와 같이 일정한 규칙에 따라 단어를 암호화 하였습니다.

보기

단체 ➡ 낙제

너비 ➡ 거미

거미 ➡ 허리

위의 규칙으로 암호화된 다음의 문장을 해독하세요.

문장 : 헌이라ㄷ호ㄴㄴㅟ서다흐디호허질섬ㅇ시나ㄷ뎌다

24 ___ 영재들의 수학여행

01

무우는 꿈을 꾸었는데 꿈속에서 무우는 한 남성이 살해당한 현장에서 탐정이 되어서 범인을 잡기 위해 암호를 해독하고 있었습니다. 경찰이 찾은 용의자는 명선, 진경, 영화, 진수 총 4명입니다. 살해당한 남성의 핸드폰에 1235792579라는 숫자가 적혀 있었다면 범인은 누구일지 적으세요.

1235792579

1	2	3
4	5	6
7	8	9
*	0	#

📞

키패드 최근기록 연락처 플레이스

02
창의융합문제

무우는 친구들과 스페인 음식점에 들어가서 음식을 먹으려고 합니다. 각자 메인 요리를 하나씩 시키려는데 무우는 친구들에게 아래와 같이 얘기했습니다.

> 무우 : 스페인에는 식사 전에 간단한 에피타이저로 먹는 타파스가 있다고 하던데? 우리 한 가지 내기를 해서 이 타파스도 시켜서 먹자!
>
> 상상, 알알, 제이 : 어떤 내기?
>
> 무우 : 내가 일정한 규칙에 따라서 지금 내가 가지고 있는 돈을 암호화시킬게. 이 암호를 풀어서 내가 가지고 있는 돈의 액수를 정확히 맞추면 내가 모두에게 타파스를 사주고, 맞추지 못하면 너희 3명이 모두가 먹을 타파스를 사는 거야
>
> 상상, 알알, 제이 : 좋아! 문제를 내봐봐!
>
> 무우 : 일단 내가 가지고 있는 금액은 'NsFZZ'원이야!
>
> 상상, 알알, 제이 : 너무 어렵다… 힌트 없어?

아래는 무우가 지갑의 돈을 암호화한 규칙입니다. 규칙을 찾아 무우가 가지고 있는 금액을 구하세요.

> 4321 ➡ fTtO
> 7482 ➡ SfEt

스페인에서 첫째 날 모든 문제 끝!
세비야로 이동하는 무우와 친구들에게 어떤 일이 일어날까요?

이집트의 숫자

고대 이집트에서는 '히에로글리프'라는 상형 문자를 사용했습니다.

상형 문자란 사물을 본떠서 그에 관련된 의미를 나타낸 문자를 말합니다.

그리스어로 '성스러운 기록'을 뜻하는 '히에로글리프'는 기원전 3,200년부터 서기 394년까지 약 3,600년 동안 사용되었던 고대 이집트의 공식 문자입니다.

'히에로글리프'로 각 숫자를 나타낸 모습은 다음과 같습니다.

막대기 또는 한 획	뒤꿈치 뼈	감긴 밧줄	연꽃	가리키는 손가락	올챙이	놀란 사람 또는 신을 경배하는 모습
1	10	100	1000	10000	100000	1000000

▲ 히에로글리프

이처럼 문자가 발달하기 전에는 숫자를 그림 등에 비유하는 규칙을 이용해서 서로 의사소통을 하였고, 기록하였습니다.

히에로글리프로 '2023'을 나타내 보세요.

2. 여러 가지 규칙

스페인 둘째 날 DAY 2

무우와 친구들은 스페인에서의 둘째 날, <세비야>에
도착했어요. 자, 그럼 <세비야>에서는
무슨 재미난 일이 기다리고 있을지 떠나 볼까요?

스페인 왕국
Reino de España

궁금해요 ?

무우와 함께 규칙을 찾아내 봅시다.

아래와 같이 직사각형 모양의 종이를 오른쪽으로만 2번 접고 펼치면 위로 접힌 실선 1개와 아래로 접힌 점선 2개가 나타나게 됩니다. 실선을 1이라고 하고 점선을 0이라고 하면 이와 같이 2번 접고 펼친 모양을 숫자로 표기하면 100이 됩니다. 실선과 점선이 나타나는 규칙을 찾아서 직사각형 모양의 종이를 오른쪽으로만 4번 접고 펼쳤을 때 나타나는 모양을 숫자로 적으세요.

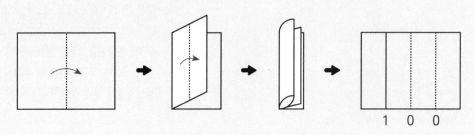

1 0 0

1. 알고리즘 상자의 규칙을 찾을 때는 입력된 수와 출력된 수를 비교해서 규칙을 찾습니다.

① 입력된 수의 각 자리 수가 어떻게 바뀌는지 알아봅니다.

예 각 자리 숫자가 홀수면 (+ 1), 각 자리 숫자가 짝수면 (÷ 2) 하는 규칙

입력	규칙	출력
18	➡	24
25	➡	16

② 알파벳의 경우 입력된 알파벳과 출력된 알파벳의 순서를 비교해봅니다.

예 입력된 알파벳을 두 번째 뒤 알파벳으로 치환하는 규칙

입력	규칙	출력
18A	➡	24C
25D	➡	16F

2. 도형의 변의 개수, 나누어진 부분의 개수 등을 수와 비교해서 규칙을 찾습니다.

예 n 각형을 m 개의 부분으로 나눈다면 해당 도형을 n × m으로 나타내는 규칙

 = 4 × 4 = 16   = 5 × 3 = 15

정답

1. 직사각형 모양의 종이를 오른쪽으로 1번 접고 펼치면 아래로 접힌 점선만 1개 나타나게 됩니다. 따라서 1번 접고 펼친 모양을 숫자로 표기하면 0입니다.
2. 위의 〈보기〉에서 직사각형 모양의 종이를 오른쪽으로만 2번 접고 펼쳤을 때는 왼쪽부터 실선 1개, 점선 2개가 나타나게 되므로 이를 숫자로 표기하면 100이었습니다.
3. 직사각형 모양의 종이를 오른쪽으로만 3번 접고 펼치면 오른쪽 그림과 같은 모습이 됩니다. 따라서 이를 숫자로 표기하면 1100100이 됩니다.
4. 0, 100, 1100100, …. 에서 규칙을 찾아보면 다음과 같습니다.
   i. 항상 절반으로 접으므로 가운데는 반드시 아래로 접히는 부분입니다. 따라서 가운데 선은 항상 0입니다.
   ii. 항상 오른쪽으로만 접으므로 가운데 0의 오른쪽에 나타나는 모습은 반드시 그 이전 단계까지 접었던 모습과 같고 왼쪽에 나타나는 모습은 오른쪽에 나타난 모습과 대칭되게 반대로 나타나게 됩니다.
   1번 접음 : 0
   2번 접음 : 100 ➡ 가운데 0을 기준으로 오른쪽의 0은 1번 접었을 때 나오는 모양인 0, 왼쪽의 1은 오른쪽의 0의 반대
   3번 접음 : 1100100 ➡ 가운데 0을 기준으로 오른쪽의 100은 2번 접었을 때 나오는 모양인 100, 왼쪽의 110은 오른쪽의 100의 대칭(001)의 반대(110)
5. 따라서 오른쪽으로 4번 접었을 때의 모습을 숫자로 표기하면 가운데 0을 기준으로 오른쪽은 3번 접었을 때 나오는 모양인 1100100이고 왼쪽은 오른쪽 1100100의 대칭(0010011)의 반대인 1101100입니다. 따라서 4번 접었을 때의 모습을 숫자로 표기하면 1101100011001100입니다.

▲ 1번 접고 펼친 모습

▲ 3번 접고 펼친 모습

② 대표문제

1. 알고리즘 상자 규칙

광장의 한쪽에서 한 사람이 어떤 상자를 이용해서 길거리 마술을 선보이고 있었습니다. 이 사람이 가지고 있는 상자는 어떤 금액을 넣고 흔들면 일정 규칙에 따라 새로운 금액이 나오는 신기한 상자입니다. 4번의 시행을 한 결과가 아래와 같을 때, 5번째 94유로를 넣는다면 얼마나 나올지 맞추세요.

넣은 금액	규칙	나온 금액
12		36
35		95
55	➡	55
88		44
94		?

Step 1   1, 2, 3, 5, 8 을 × 3을 했을 때의 일의 자리수를 구하세요.

Step 2   Step 1 에서 구한 일의 자리 수들과 나온 금액을 비교해서 규칙을 이 상자의 규칙을 적으세요.

Step 3   이 상자에 94유로를 넣는다면 나올 금액을 맞추세요.

Step 1 1, 2, 3, 5, 8은 이 상자에 넣은 금액의 각 자리 숫자입니다. 이 수들을 3배하면 3, 6, 9, 15, 24이므로 일의 자리 숫자는 3, 6, 9, 5, 4입니다.

 Step 2 12를 넣었을 때 36이 나왔습니다. 이는 각 자리 숫자를 3배한 것입니다.
하지만 이와 같은 규칙으로 하면 35를 넣었을 때는 35 × 3 = 105가 나와야 합니다.
하지만 35를 넣었을 때는 95가 나옵니다. 여기서 9는 35 의 3 × 3을 뜻하고
5는 5 × 3 = 15의 일의 자리 숫자를 뜻합니다.
따라서 이 상자의 규칙은 각 자리 숫자를 3배했을 때의 일의 자리 숫자를 순서대로 적은
수를 출력한다고 생각할 수 있습니다.

 Step 3 9 × 3 = 27이므로 일의 자리 숫자는 7입니다.
4 × 3 = 120이므로 일의 자리 숫자는 2입니다.
이 상자는 각 자리 숫자를 3배했을 때의 일의 자리 숫자를 순서대로 적은 수를 출력하므
로 94 를 넣었을 때 나오는 수는 72입니다.
따라서 이 상자에 94유로를 넣으면 72유로가 나오게 됩니다.

정답 : 1, 6, 9, 5, 4 / 풀이과정 참조 / 72유로

문제 해결 TIP

· 각 자리 숫자를
나누어서 비교해
보도록 합니다.

 아래의 알고리즘 상자의 규칙을 찾아서 빈칸에 알맞은 수를 적으세요.

입력	규칙	출력
127A		254D
246Z		123C
213D	➡	426G
12F		6I
79E		

2. 도형을 활용한 규칙

세비아 대성당의 외관을 구경하던 무우는 외벽 무늬를 숫자로 표기하는 아래 〈보기〉와 같은 규칙을 만들었습니다.

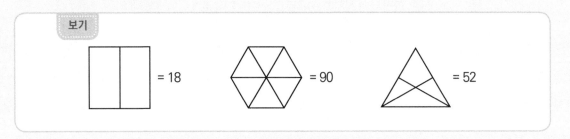

무우가 만든 규칙을 찾아서 아래 수식을 계산한 값을 구하세요.

Step 1 〈보기〉의 각 도형에서 찾을 수 있는 선분의 개수와 나누어진 부분의 개수를 구하세요.

Step 2 Step 1 에서 구한 수와 도형을 표기한 숫자를 비교해서 규칙을 찾으세요.

Step 3 〈보기〉의 규칙으로 수식을 계산한 값을 구하세요.

풀이

문제 해결 TIP

도형에서 찾을 수
있는 선분의 개수,
나누어진 부분의
개수와 표기한 숫
자를 비교합니다.

Step 1

 → 찾을 수 있는 선분의 개수 : 9개, 나누어진 부분의 개수 : 2개
표기한 숫자 : 18

 → 찾을 수 있는 선분의 개수 : 15개, 나누어진 부분의 개수 : 6개
표기한 숫자 : 90

 → 찾을 수 있는 선분의 개수 : 13개, 나누어진 부분의 개수 : 4개
표기한 숫자 : 52

Step 2   9 × 2 = 18, 15 × 6 = 90, 13 × 4 = 52입니다. 따라서 무우는 도형을
(도형에서 찾을 수 있는 선분의 개수) × (나누어진 부분의 개수)로 표현한 것입니다.

Step 3   각 도형에서 찾을 수 있는 선분의 개수, 나누어진 부분의 개수를 구하면 다음과
같습니다.

 → 찾을 수 잇는 선분의 개수 : 14개, 나누어진 부분의 개수 : 4개

 → 찾을 수 잇는 선분의 개수 : 10개, 나누어진 부분의 개수 : 5개

 → 찾을 수 잇는 선분의 개수 : 8개, 나누어진 부분의 개수 : 3개

따라서 ⬡ = 14 × 4 = 56, ⬠ = 10 × 5 = 50, ◺ = 8 × 3 = 24입니다.
따라서 수식을 계산한 값은 56 – 50 + 24 = 30입니다.

정답 : 풀이과정 참조 / 풀이과정 참조 / 30

확인하기

〈보기〉와 같이 어떤 규칙에 따라 도형을 수로 나타내었습니다. 〈보기〉의 규칙에
따라 〈그림〉을 수로 표기하세요.

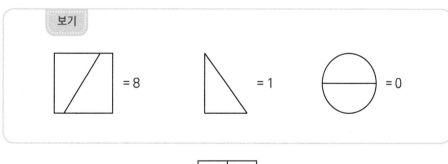

보기

〈그림〉

② 연습문제

01 아래와 같이 두 개의 수를 입력하면 일정한 규칙에 따라 하나의 수가 출력되는 알고리즘 상자가 있습니다. 규칙을 찾아서 A에 알맞은 수를 적으세요.

입력 1	입력 2	규칙	출력
2	7		149
8	9	➡	7217
5	1		56
4	3		A

02 <보기>와 같이 일정한 규칙과 △, □을 이용해서 여러 가지 수를 나타냈습니다. 이 규칙을 따라 A에 알맞은 수를 적으세요.

보기

△ △ = 4   □(△) = 16

□ △ = 6   □(□) = 256

□(△△) △(△) = A

03 아래와 같이 일정한 규칙에 따라 알파벳을 두 그룹으로 나누었습니다. 규칙을 적고 알파벳 B는 그룹 1과 그룹 2 중 어떤 그룹으로 가야 할지 정하세요.

그룹 1	A, E, F, H, I, K, L, M, N, T, V, W, X, Y, Z
그룹 2	C, D, G, J, O, P, Q, R, S, U

04 <보기>와 같이 일정한 규칙에 따라 수들을 나타낼 때, A에 알맞은 수를 구하세요.

> 보기
>
> (2) = 1   (6) = 6   (9) = 4   (8) = 7

((32)) = A

05 아래와 같이 어떤 규칙에 따라 수들이 가로, 세로로 나열되어 있습니다. 규칙에 따라 A, B에 들어갈 알맞은 수를 구하세요.

1	2	2	B
2	3	4	6
3	2	A	2
6	3	6	3

06 아래와 같이 두 개의 수를 입력하면 어떤 규칙에 따라 하나의 수가 출력되는 알고리즘 상자가 있습니다. A에 들어갈 수 있는 수를 모두 구하세요. (단, A는 한 자릿수입니다.)

입력 1	입력 2	규칙	출력
8	4		1
4	5	➡	4
2	8		25
5	A		9

07 아래와 같이 어떤 규칙에 따라 도형을 수로 나타내었습니다. 아래의 규칙으로 수로 나타낼 때 75가 되는 도형을 그리세요.

$\square$ = 41   △ = 32   ⬠ = 53

08 직사각형 모양의 종이를 왼쪽으로 1번 접고 접은 상태에서 오른쪽으로 1번 접은 후 원래대로 펼쳤을 때, 아래로 접힌 선을 0, 위로 접힌 선을 1이라고 하면 펼친 모양은 001이 됩니다. 직사각형 모양의 종이를 왼쪽부터 시작해서 왼쪽과 오른쪽으로 번갈아 1번씩 총 4번을 접었다가 펼친 모양을 이처럼 숫자로 표현하세요.

09 아래와 같이 일정한 규칙에 따라 쓰인 수들을 보고 ㉠, ㉡, ㉢에 들어갈 수를 구하세요

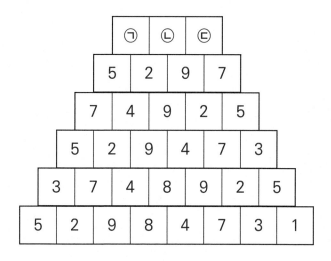

10 아래와 같이 일정한 규칙에 따라 도형을 수로 나타내었습니다. ㉠, ㉡, ㉢에 알맞은 도형을 그리세요.

심화문제

01 아래와 같이 어떤 규칙에 따라 표에 수들을 채워 넣었습니다. ㉠에 알맞은 수를 구하세요.

5	3
1	
4	2

2	4
0	
7	6

6	7
2	
4	8

9	9
㉠	
1	8

02 아래와 같이 어떤 규칙에 따라 삼각형의 꼭짓점과 내부에 수를 채워 넣었습니다. ㉠에
알맞은 수를 구하세요.

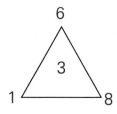

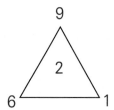

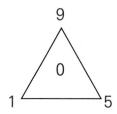

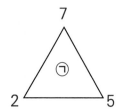

03 아래 <보기>의 (1), (2), (3)은 일정한 규칙을 가지고 있습니다. (4)가 <보기>의 규칙과 같은 규칙을 가지기 위해서 ? 에 들어갈 도형을 그리세요.

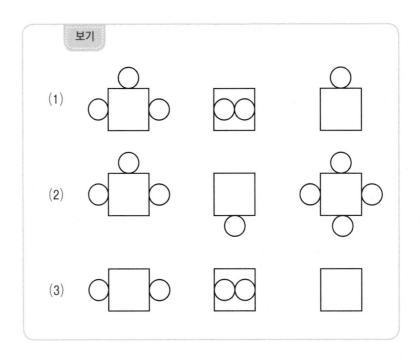

04

아래 <보기>와 같이 여러 가지 알고리즘 상자가 있습니다. 각 상자의 규칙을 찾아서 A, B, C에 알맞은 수를 적으세요.

보기

입력	규칙 (1)	출력
2	➡	5
5		11
4		9

입력	규칙 (2)	출력
12	➡	2
27		5
53		6

입력	규칙 (3)	출력
2	➡	3
6		12
8		15

입력	규칙	출력
18	(1)	A
A	(2)	B
B	(3)	C

01 아래와 같이 좌표평면에 A = (1, 1)이 있습니다. 이 점이 아래 규칙에 따라서 움직인다고 합니다.

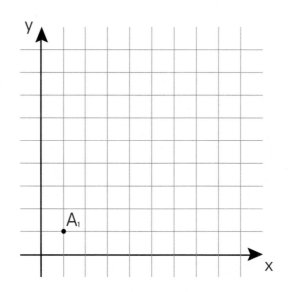

1. A_n = (x, y)에서 n이 홀수라면 점 A_{n+1}은 점 A_n을 x 축 방향으로 2만큼, y축 방향으로 1만큼 평행이동시킨 점입니다.

   예 A_1 = (1, 1)이므로 점 A_2는 점 A_1을 x 축 방향으로 2만큼, y축 방향으로 1만큼 평행이동시킨 점인 (3, 2)입니다.

2. A_n = (x, y)에서 n이 짝수라면 점 A_{n+1}은 점 A_n을 x 축 방향으로 3만큼, y축 방향으로 2만큼 평행이동시킨 점입니다.

   예 A_2 = (3, 2)이므로 점 A_3는 점 A_2를 x축 방향으로 3만큼, y축 방향으로 2만큼 평행이동시킨 점인 (6, 4)입니다.

A_n의 y 좌표가 40일 때의 A_n의 x 좌표를 구하세요.

02
창의융합문제

무우가 발견한 계산기는 일반적인 계산기에 없는 ◎라는 버튼이 있었습니다. 이 버튼의 기능이 궁금해진 무우는 여러 숫자들과 버튼을 눌러보았는데 그 결과가 다음과 같았습니다.

1. 숫자 3을 누르고 ◎ 버튼을 1번 눌렀더니 결괏값이 8이었습니다.
2. 숫자 6을 누르고 ◎ 버튼을 1번 눌렀더니 결괏값이 3이었습니다.
3. 숫자 11을 누르고 ◎ 버튼을 2번 눌렀더니 최종 결괏값이 8이었습니다.
4. 숫자 10을 누르고 ◎ 버튼을 2번 눌렀더니 최종 결괏값이 10이었습니다.

◎ 버튼은 위와 같이 일정한 규칙에 따라 수들을 변환시킵니다. 이 계산기를 이용해서 숫자 A를 누르고 ◎를 4번 눌렀을 때 최종결괏값이 7이 되는 숫자 A를 모두 구하세요.

스페인에서 둘째 날 모든 문제 끝!
그라나다로 이동하는 무우와 친구들에게 어떤 일이 일어날까요?

황금비란?

황금비?

아래 <그림>과 같이 길이가 (X + 1)인 선분을 두 부분으로 나눌 때, (X + 1) : X = X : 1이 되도록 나누는 것을 황금 분할이라고 합니다. X의 값은 약 1.618이 나오게 되며 이를 황금비라고 하고 이 비율이 가장 아름다운 비율로 생각되어 건축, 예술 등 많은 분야에서 활용되고 있습니다.

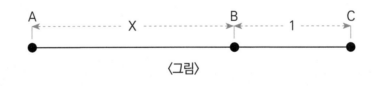

〈그림〉

이탈리아의 수학자 레오나르도 피보나치가 고안한 '피보나치 수열'은 항이 계속될수록 인접한 두 항의 비가 위의 황금비에 가까워지게 되는 수열입니다.

1, 1, 2, 3, 5, 8, 13, 21, 34…

〈피보나치 수열〉

2 : 3 = 1 : 1.5, 21 : 34 = 1 : 1.1619…, …

3. 여러 가지 수열

스페인 셋째 날 DAY 3

무우와 친구들은 스페인 셋째 날, <그라나다>에
도착했어요. 자, 그럼 <그라나다>에서는
무슨 재미난 일이 기다리고 있을지 떠나 볼까요?

마드리드 공항

세비야

그라나다

스페인 왕국
Reino de España

궁금해요 ?

실제로 나뭇가지의 수를 세어보며 피보나치 수열인지 확인해 볼까요?

1, 2, 3, 5, 8, 13, 21, … 의 숫자를 살펴보면 앞의 두 수를 더하면 그 다음 수가 됩니다. 이러한 규칙을 가진 수열을 '피보나치 수열' 이라고 합니다.

아래의 수들은 '피보나치 수열' 과 같은 규칙을 가지고 있습니다. 1번째 수, 5번째 수가 3, 18이라면 3번째 수와 8번째 수의 합을 구하세요.

3				18	⋯

수열 속 규칙 찾기

1. 피보나치 수열 : 앞의 두 수를 더하면 그 다음 수가 되는 규칙을 가진 수열

예 1, 1, 2, 3, 5, 8, 13, 21, 34, 55, 89, …

2. 등차수열 : 각 항이 그 바로 전 항에 일정한 수를 더한 것으로 이루어진 수열

예 1, 3, 5, 7, 9, 11, 13, 15, 17, 19, …

3. 등비수열 : 각 항이 그 바로 전 항에 일정한 수를 곱한 것으로 이루어진 수열

예 1, 2, 4, 8, 16, 32, 64, 128, 256, …

4. 대표적인 수열 외에 수열의 규칙을 찾는 방법

① 수열에서 숫자들이 반복되는 부분을 찾아서 규칙을 찾습니다.

② 짝수 번째, 홀수 번째로 나누어서 각 규칙을 찾습니다.

③ 분수들로 이루어진 수열의 경우

ⅰ. 분모와 분자 따로따로 규칙을 찾습니다.

ⅱ. 분모를 같은 수로 통분한 뒤 분자를 비교해서 규칙을 찾습니다.

정답

〈보기〉의 수들이 '피보나치 수열'과 같은 규칙을 가지고 있으므로 이 수들도 앞의 두 수를 더하면 그 다음 수가 되는 규칙을 가집니다.

· 1번째 수만 3으로 나와있으므로 2번째 수를 A라고 놓으면 각 수들은 다음과 같습니다.

| 3 | A | 3 + A | 3 + 2A | 18 | … |

· 이 규칙대로라면 5번째 수인 18은 (3 + A)와 (3 + 2A)의 합입니다.

따라서 (3 + A) + (3 + 2A) = 18 ➡ A = 4입니다.

· 규칙에 따라 각 항의 수를 적으면 다음과 같습니다.

| 3 | 4 | 7 | 11 | 18 | … |

· 이 수열에서 3번째 수는 7이고 8번째 수는 76입니다.

따라서 합은 7 + 76 = 83입니다.

정답 : 83

③ 대표문제

1. 피보나치 수열 활용

전망대까지 9개의 계단만 남아있을 때, 무우는 친구들에게 다음과 같이 말했습니다.
한 번에 계단을 최대 2칸까지만 올라갈 수 있다면 3개의 계단을 오르는 방법은 (1칸씩 3번), (2칸 1번, 1칸 1번), (1칸 1번, 2칸 1번)으로 총 3가지입니다.
9개의 계단을 올라갈 때, 한 번에 계단을 최대 2칸까지만 오를 수 있다면 계단을 모두 올라가는 방법의 개수를 구하세요.

> 무우 : 우리 이 남은 9개의 계단은 서로 다른 방법으로 올라가 보자!
> 대신 계단은 한 번에 최대 2칸까지만 올라갈 수 있어 !

Step 1 한 번에 계단을 최대 2 칸까지 올라갈 수 있을 때, 계단의 개수가 2개, 4개, 5개인 계단을 오르는 방법의 개수를 구하세요.

Step 2 구한 방법의 개수들 사이의 규칙을 찾으세요.

Step 3 한 번에 계단을 최대 2칸까지 올라갈 수 있을 때, 9개의 계단을 올라가는 방법의 개수를 구하세요.

풀이

문제 해결 TIP

계단을 1칸 또는 2칸 올라갈 수 있을 때, 계단을 올라가는 방법의 개수는 피보나치 수열의 규칙을 가지고 있습니다.
(n 개의 계단을 올라가는 방법의 개수)
= ((n – 1) 개의 계단을 올라가는 방법의 개수) +
((n – 2) 개의 계단을 올라가는 방법의 개수)

Step 1 한 번에 계단을 최대 2칸까지 올라갈 수 있으므로 각 개수의 계단을 올라가는 방법의 개수는 다음과 같습니다.
2개의 계단 : (1, 1), (2) → 2가지
4개의 계단 : (1, 1, 1, 1), (1, 1, 2), (1, 2, 1), (2, 1, 1,), (2, 2) → 5 가지
5개의 계단 : (1, 1, 1, 1, 1), (1, 1, 1, 2), (1, 1, 2, 1), (1, 2, 1, 1), (2, 1, 1, 1),
(1, 2, 2), (2, 1, 2), (2, 2, 1) → 8가지

Step 2 각 계단을 오르는 방법의 개수를 구하는 방법은 다음과 같습니다.
3개의 계단 : 1칸을 건너고 2칸을 건너거나 2칸을 건너고 1칸을 건너는 방법
= (1개의 계단을 올라가는 방법의 개수) + (2개의 계단을 올라가는 방법의 개수)
= 1 + 2 = 3
4개의 계단 : 2칸을 건너고 2칸을 건너거나 3칸을 건너고 1 칸을 건너는 방법
= (2개의 계단을 올라가는 방법의 개수) + (3개의 계단을 올라가는 방법의 개수)
= 2 + 3 = 5
5개의 계단 : 3칸을 건너고 2칸을 건너거나 4칸을 건너고 1칸을 건너는 방법
= (3개의 계단을 올라가는 방법의 개수) + (4개의 계단을 올라가는 방법의 개수)
= 3 + 5 = 8
따라서 이는 '피보나치 수열'의 규칙과 같습니다.

Step 3 따라서 이 규칙으로 계단의 개수에 따른 올라가는 방법의 개수를 적으면 다음과 같습니다.

계단의 개수	2개	3개	4개	5개	6개	7개	8개	9개
올라가는 방법의 개수	2	3	5	8	13	21	34	55

따라서 한 번에 최대 2칸의 계단을 올라갈 수 있을 때, 9개의 계단을 올라가는 방법의 개수는 55가지입니다.

정답 : 2가지, 5가지, 8가지 / 풀이과정 참조 / 55가지

확인하기

5칸의 사다리를 올라갔다가 내려오려고 합니다. 올라가거나 내려갈 때는 한 번에 최대 2칸까지 움직일 수 있다면 이 사다리를 올라갔다가 내려오는 방법의 개수를 구하세요.

2. 특이한 수열

무우와 친구들이 몇 번만에 모든 원판을 기둥 A로 옮길 수 있을지 구하세요.

〈추로스 퍼즐〉

아래와 같이 기둥 C에 크기가 서로 다른 6개의 원판이 끼워져 있습니다. 이 원판을 1개씩만 옮겨서 원래의 모습과 같아지도록 기둥 A로 옮겨 보세요. 단, 다음과 같은 규칙이 있습니다.

「규칙 1」: 크기가 큰 원판은 작은 원판 위로 올라갈 수 없습니다.

「규칙 2」: 원판은 기둥 이외의 다른 곳에 놓을 수 없습니다.

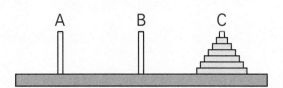

최소 횟수로 옮기는 분에게는 1일 식사권을 무료로 드립니다.

※ 추로스 퍼즐은 「하노이 탑」으로 많이 알려져 있습니다.

Step 1 같은 규칙으로 2개, 3개, 4개의 원판이 꽂혀 있을 때, 기둥 C에서 기둥 A로 이동시키기 위한 최소 횟수를 구하세요.

Step 2 원판이 1개씩 늘어날 때마다 늘어나는 최소 횟수를 보고 규칙을 찾으세요.

Step 3 일행들이 상품을 얻기 위해선 몇 번만에 모든 원판을 기둥 A로 옮겨야 할지 구하세요.

풀이

문제 해결 TIP

인접한 두 수 사이의 차이를 구해서 규칙을 구해보도록 합니다.

Step 1

① 2개의 원판을 옮기기 위한 최소 횟수는 다음과 같습니다.

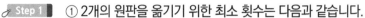

1회

1회   1회   총 3회

② 이를 이용하면 3개의 원판을 옮기기 위한 최소 횟수는 다음과 같습니다.

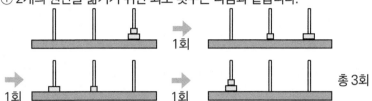

3회

1회   3회   총 7회

③ 이를 이용하여 4개의 원판을 옮기기 위한 최소 횟수는 다음과 같습니다.

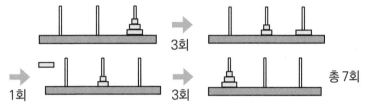

7회

1회   7회   총 15회

Step 2

이를 수식으로 나타내면 다음과 같습니다.

(n 개의 원판을 옮기기 위한 최소 횟수)

= 2 × ((n − 1) 개의 원판을 옮기기 위한 최소 횟수) + 1

이와 같이 횟수가 늘어간다면 결국 (n 개의 원판을 옮기기 위한 최소 횟수)

= $(2^n - 1)$입니다.

Step 3

각 원판의 개수를 다른 기둥으로 옮기기 위한 최소 횟수를 표로 나타내면 다음과 같습니다.

원판의 개수	1개	2개	3개	4개	5개	6개	…
옮기기 위한 최소 횟수	1번	3번	7번	15번	31번	63번	…

따라서 일행들이 상품을 얻기 위해서는 63번 원판을 움직여서 다른 기둥으로 옮겨야 합니다.

정답 : 3번, 7번, 15번 / 풀이과정 참조 / 63번

확인하기

아래와 같이 접혀 있는 실을 평행하게 여러 번 잘라서 여러 조각으로 나누려고 합니다. 이와 같이 자를 때, 8번 평행하게 자른다면 실은 총 몇 조각으로 나누어 지는지 구하세요,.

〈1번〉

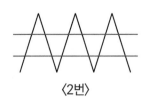

〈2번〉

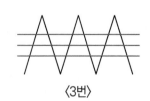

〈3번〉

③ 연습문제

01 아래와 같이 일정한 규칙에 따라 수들을 나열하였습니다. A에 알맞은 수를 구하세요.

> 1, 2, 5, 14, 41, 122, A

02 아래와 같이 일정한 규칙에 따라 수들을 나열하고 있습니다. 이 수열의 첫 번째 수부터 50 번째 수까지의 합이 홀수일지 짝수일지 구하세요.

> 3, 5, 8, 13, 21, 34, 55, 89, 144, …

03 아래와 같이 자연수에서 2의 배수, 3의 배수, 5의 배수를 모두 지우고 남은 수들의 일의 자리 수를 적어서 수열 A를 만들었습니다. 이 수열 A에서 77번째 수를 구하세요.

> 1, 2̶, 3̶, 4̶, 5̶, 6̶, 7, 8̶, 9̶, 1̶0̶, 11, 1̶2̶, 13, 1̶4̶, …
>
>
>
> 수열 A = 1, 7, 1, 3, …

04 아래와 같이 일정한 규칙에 따라 수들을 나열하였습니다. 이 수열에서 30번째 수를 구하세요.

> 2, 6, 8, 12, 14, 16, 20, 22, 24, 26, 30, …

05 아래와 같은 피보나치 수열이 있습니다. 이 수열에서 2번째 수까지의 합은 1 + 1 = 2이고, 3번째 수 까지의 합은 1 + 1 + 2 = 4입니다. 합의 규칙을 찾아서 13번째 수 까지의 합을 구하세요.

> 1, 1, 2, 3, 5, 8, 13, 21, …, 610

③ 연습문제

06 아래와 같이 1부터 15까지의 숫자가 적혀 있는 원판이 있습니다. 숫자 1에서 출발하여 시계 방향으로 4칸씩 건너뛰면서 해당 칸의 숫자를 기록하여 수열을 만들면 1, 5, 9, 13, … 과 같은 수열이 만들어 집니다. 이 수열의 50번째 수를 구하세요.

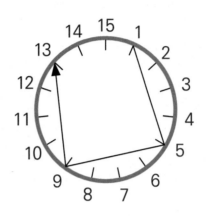

07 아래는 6을 홀수의 합으로 표현하는 방법입니다. 이와 같이 13을 홀수의 합으로 표현하는 방법은 모두 몇 가지일지 구하세요.

$$6 = (1, 1, 1, 1, 1, 1) = (1, 5) = (5, 1) = (3, 3)$$
$$= (1, 1, 1, 3) = (1, 1, 3, 1) = (1, 3, 1, 1) = (3, 1, 1, 1)$$
→ 총 8가지

08 아래와 같이 일정한 규칙에 따라 수들을 나열하였습니다. 이 수열에서 8번째 수와 12번째 수의 합을 구하세요.

$$4, \quad 2, \quad \frac{4}{3}, \quad 1, \quad \frac{4}{5}, \quad \frac{2}{3}, \quad \frac{4}{7}, \quad \cdots$$

09 아래와 같이 일정한 규칙으로 수들을 사각형 모양으로 적었습니다. 3은 1로부터 오른쪽으로 1칸, 위쪽으로 1칸에 있는 것과 같이 각 수의 위치를 1을 기준으로 나타내려 합니다. 1로부터 오른쪽으로 6칸, 위쪽으로 4칸에 있는 수는 무엇일지 구하세요.

...	34	33	32	31	30	29
	16	15	14	13	12	28
	17	5	4	3	11	27
	18	6	1	2	10	26
	19	7	8	9	25	
	20	21	22	23	24	

10 아래와 같이 일정한 규칙에 따라 수들을 나열하였습니다. 이 수열의 2020번째 수를 구하세요.

1, 3, 4, 7, 1, 8, 9, 7, 6, ...

01 한 번에 최대 3칸의 계단을 올라갈 수 있을 때, 10개의 계단을 올라가는 방법의 개수를 구하세요.

02 〈보기〉와 같이 일정한 규칙에 따라 적혀 있는 수열이 있습니다. 아래의 표를 참고해서 이 수열의 10번째 수까지의 합을 구하세요.

보기

1, 2, 5, 13, 34, 89, …

항	1	2	3	4	5	6	7	8	9	10
수	1	1	2	3	5	8	13	21	34	55
항	11	12	13	14	15	16	17	18	19	20
수	89	144	233	377	610	987	1597	2584	4181	6765

〈피보나치 수열〉

03 아래와 같이 수들을 사각형 모양으로 나열하였습니다. 91은 위에서 몇 번째 줄, 왼쪽에서 몇 번째 줄에 있는 수인지 구하세요.

0	1	8	9	24	‥
3	2	7	10	23	‥
4	5	6	11	22	‥
15	14	13	12	21	‥
16	17	18	19	20	‥
:	:	:	:	:	

04 아래와 같이 일정한 규칙에 따라 수들을 나열하였습니다. A 에 알맞은 수를 구하세요.

진법과 연관지어 생각하세요.

> 10, 11, 12, 13, 14, 15, 16, 17, 21, 23, 30, 33, 120, A

05 아래와 같이 일정한 규칙에 따라 분수를 나열하였습니다. 약분한 결괏값이 $\dfrac{3}{5}$ 이 되는 분수 중 4번째로 나오는 분수는 이 수열에서 몇 번째 수인지 구하세요.

$$\dfrac{1}{1},\ \dfrac{2}{1},\ \dfrac{1}{2},\ \dfrac{3}{1},\ \dfrac{2}{2},\ \dfrac{1}{3},\ \dfrac{4}{1},\ \dfrac{3}{2},\ \cdots$$

01 아래와 같이 일정한 규칙에 따라 수들이 순환하고 있습니다. A, B, C의 합을 구하세요.

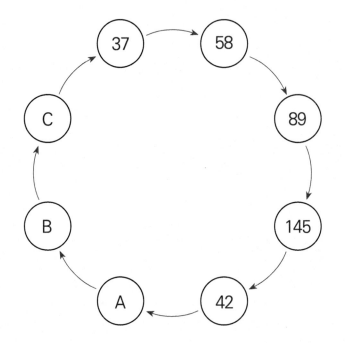

02
창의융합문제

〈보기〉와 같이 가로 50cm, 세로 10cm 인 직사각형을 가로 10cm, 세로 5cm인 직사각형 10개로 채우려고 합니다. 정면에서 봤을 때, 이 직사각형을 채우는 방법은 총 몇 가지일지 구하세요.

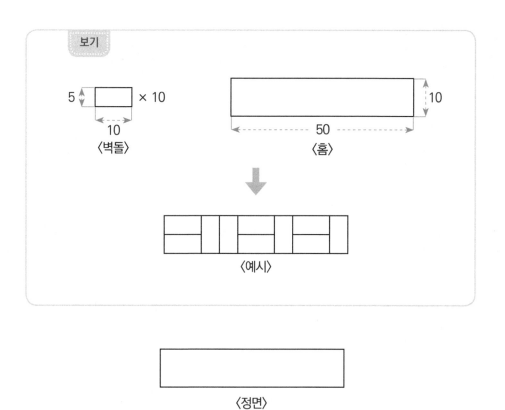

〈정면〉

스페인에서 셋째 날 모든 문제 끝!
바르셀로나로 이동하는 무우와 친구들에게 어떤 일이 일어날까요?

사칙연산 기호의 유래

① + 기호의 출현

　이탈리아의 수학자 레오나르도 피사노(Leonar'do Pisa'no)가 'and'의 뜻을 가진 라틴어
'et'를 빠르게 흘려쓰는 과정에서 만들어지게 되었습니다.

$$et \rightarrow et \rightarrow 太 \rightarrow 太 \rightarrow 太 \rightarrow t \rightarrow +$$

② - 기호의 출현

　독일의 수학자 비드만(Widmann)이 '모자란다'의 뜻을 가진 minus의 약자 '-m'에서 -
만 따서 쓰면서 만들어지게 되었습니다.

$$8 - m\, 5 \rightarrow 8 - 5$$

③ × 기호의 출현

　영국의 수학자 오트렛(oughtred)의 저서 「수학의 열쇠」에서 처음 출현했다고 알려져
있습니다. 처음에는 십자가 모양으로 곱셈의 기호를 정하려 했지만 이미 덧셈의 기호
로 사용되고 있어서 이를 눕힌 '×'로 곱셈의 기호를 정하였습니다.

$$+ \rightarrow X \rightarrow X$$

④ ÷ 기호의 출현

　스위스의 수학자 란(Rahn)이 처음으로 사용했다고 알려져 있습니다. 가운데 선을 기준
으로 위쪽 점은 분자, 아래쪽 점은 분모를 의미합니다.

　나눗셈 기호인 '÷'는 일부 국가에서만 사용하는 기호로 나눗셈 기호를 사용하지 않는
나라에서는 분수로 나타낸다고 합니다.

4. 연산 기호 규칙

마드리드 공항

바르셀로나

세비야   그라나다

스페인 왕국
Reino de España

스페인 넷째 날 DAY 4

무우와 친구들은 스페인 여행 넷째 날, <바르셀로나>에
도착했어요.

자, 그럼 <바르셀로나> 에서 기다리는 수학문제들을 만나러 가볼까요?

과연 상상이는 어떤 규칙을 생각해 냈을까요?

무우와 친구들은 이동하는 기차안에서 아래의 〈규칙〉으로 게임을 하였습니다.

규칙

1. 가위바위보를 해서 진 사람이 나머지 세 명이 내는 문제를 맞춰야 합니다.

2. 문제를 내는 세 명 중 두 명은 임의의 숫자를 말하고 나머지 한 명은 그 두 개의 숫자를 일정한 규칙에 따라 연산한 결과를 말합니다. 가위바위보에서 진 사람은 이 연산규칙을 알아내어 마지막에 말해야 할 수를 맞춰야 합니다.

무우가 가위바위보를 져서 문제를 맞추게 되고 제이가 상상이와 알알이가 말한 수를 연산한 결과를 말하게 정해졌습니다. 친구들이 각각 말한 숫자를 기록한 것이 아래의 〈표〉와 같을 때, 무우가 맞춰야 하는 A, B를 구하세요. 또한 제이가 한 연산은 교환법칙이 성립하는지 판단하세요.

상상	3	6	5	4	7	5
알알	6	4	6	3	5	7
제이	14	25	28	12	A	B

〈표〉

1 연산법칙

1. 연산이란 수, 도형 등에서 일정한 법칙에 따라 결과를 내는 조작을 의미하며 기본법칙으로는 교환법칙, 결합법칙, 분배법칙이 있습니다.

2. 교환법칙

계산 순서를 바꾸어 계산해도 계산 결과가 같을 때, 해당 연산은 교환법칙이 성립한다고 합니다.

① 덧셈, 곱셈에서는 교환법칙이 성립합니다.

$2 + 3 = 3 + 2, \quad 2 \times 3 = 3 \times 2$

② 뺄셈, 나눗셈에서는 교환법칙이 성립하지 않습니다.

$2 - 3 \neq 3 - 2, \quad 2 \div 3 \neq 3 \div 2$

3. 결합법칙

세 수에 대해서 앞의 두 수를 먼저 계산한 결과와 뒤의 두 수를 먼저 계산한 결과가 같을 때, 해당 연산은 결합법칙이 성립한다고 합니다.

① 덧셈, 곱셈에서는 결합법칙이 성립합니다.

$(2 + 3) + 4 = 2 + (3 + 4), \quad (2 \times 3) \times 4 = 2 \times (3 \times 4)$

② 뺄셈, 나눗셈에서는 결합법칙이 성립하지 않습니다.

$(6 - 3) - 2 \neq 6 - (3 - 2), \quad (6 \div 3) \div 2 \neq 6 \div (3 \div 2)$

4. 분배법칙

세 수에 대해서 두 개의 연산을 분배한 식이 성립할 때, 분배법칙이 성립한다고 합니다.

① 분배법칙이 성립하는 예

$A \times (B + C) = (A \times B) + (A \times C)$

② 분배법칙이 성립하지 않는 예

$A \div (B + C) \neq (A \div B) + (A \div C)$

 정답

1. 무우가 맞춰야 할 수는 제이가 말해야 할 수이므로 상상이와 알알이가 말한 임의의 두 수를 제이가 일정한 규칙으로 연산해서 답을 낸 것입니다.
2. 제이가 생각한 연산기호를 ○라고 한다면 식은 다음과 같습니다.
   3 ○ 6 = 14, 6 ○ 4 = 25, 5 ○ 6 = 28, 4 ○ 3 = 12, 7 ○ 5 = A, 5 ○ 7 = B
3. 이 연산규칙은 (앞의 수 - 1) × (뒤의 수 + 1)입니다.
   a ○ b = (a - 1) × (b + 1)
4. 따라서 상상이가 7, 알알이가 5를 말했다면 A, B를 구하는 식은 다음과 같습니다.
   A = 7 ○ 5 = (7 - 1) × (5 + 1) = 36
   B = 5 ○ 7 = (5 - 1) × (7 + 1) = 32
5. 따라서 무우가 맞춰야 하는 A, B에 알맞은 수는 A = 36, B = 32입니다.
6. 7 ○ 5를 연산한 결과와 5 ○ 7을 연산한 결과가 다르기 때문에 연산 ○는 교환법칙이 성립하지 않습니다.

4 대표문제

1. 관계식 찾기

각국의 돈을 환전해주는 금액을 적어놓은 표가 각각 아래와 같습니다. 무우가 현재 가지고 있는 35000원과 9.6달러를 각각 유로로 바꿔서 재래시장 쇼핑에 사용하려 합니다. 무우가 환전받을 수 있는 유로는 얼마일지 구하세요.
(단, 환전하려는 금액은 나누지 않고 한 번에 환전소에 내서 환전합니다.)

원	1000	2000	3000	4000	⋯
유로	0.8	1.3	1.8	2.3	⋯

〈표 1〉

달러	1	2	3	4	⋯
유로	0.85	1.6	2.35	3.1	⋯

〈표 2〉

Step 1 원과 유로의 관계를 나타내는 〈표 1〉을 참고해서 원과 유로의 관계식을 적으세요.

Step 2 달러와 유로의 관계를 나타내는 〈표 2〉를 참고해서 달러와 유로의 관계식을 적으세요.

Step 3 무우가 환전받을 수 있는 유로는 몇 유로일지 구하세요.

2. 새로운 연산기호 규칙

할인 이벤트의 내용이 다음과 같을 때, 표를 보고 각 연산기호의 규칙을 모두 맞추어 30%의 가격할인을 받으세요.

〈선착순 할인 이벤트〉

우리 가게의 사장님은 복잡한 계산을 쉽게 하기 위해서 특수한 연산기호인 ◇, □, ▽ 버튼이 있는 계산기를 가지고 있습니다. 각 연산기호를 이용한 연산결과가 아래의 표와 같을 때, 각 연산기호의 규칙을 제일 먼저 맞힌 테이블은 1개당 10%씩 최대 30%까지 가격할인을 해드리도록 하겠습니다.

◇	□	▽
3 ◇ 1 = 5	4 □ 2 = 2	2 ▽ 1 = 4
4 ◇ 2 = 4	3 □ 4 = 3	3 ▽ 2 = 7
6 ◇ 3 = 4	5 □ 5 = 6	1 ▽ 3 = 4
8 ◇ 4 = 4	6 □ 2 = 4	4 ▽ 4 = 11

Step 1 ◇의 연산규칙을 찾아 A ◇ B를 사칙연산 식으로 나타내세요.

Step 2 □의 연산규칙을 찾아 A □ B를 사칙연산 식으로 나타내세요.

Step 3 ▽의 연산규칙을 찾아 A ▽ B를 사칙연산 식으로 나타내세요.

풀이

문제 해결 TIP

· 연산되는 두 수를 사칙연산한 결과와 결과값의 차이를 생각해서 문제를 해결하도록 합니다.

· 연산되는 두 수에 각각 수를 곱해서 합하거나 빼서 문제를 해결할 수 있습니다.

Step 1 ◇의 경우 아래의 세 식의 결괏값이 4로 같은 것에서 연산되는 두 수의 차 또는 나눗셈 결괏값과 비교하는 것을 생각해볼 수 있습니다.
이 중 앞의 수를 뒤의 수로 나눈 값은 각 연산의 결괏값과 2씩 차이나게 됩니다. 따라서 식은 다음과 같습니다.
A ◇ B = (A ÷ B) + 2

Step 2 □의 경우 연산 결괏값이 크지 않다는 점을 생각해서 연산되는 두 수의 합 또는 차의 결과값과 비교하는 것을 생각해볼 수 있습니다.
이 중 앞의 수와 뒤의 수를 합한 값은 각 연산의 결괏값과 4씩 차이나게 됩니다. 따라서 식은 다음과 같습니다.
A □ B = A + B − 4

Step 3 ▽의 경우 앞의 수와 뒤의 수의 단순 사칙연산과 연산 결괏값을 비교해도 일정한 규칙을 찾을 수 없습니다. 이러한 경우 앞의 수 또는 뒤의 수에 먼저 일정한 값을 사칙연산한 후 앞의 수와 뒤의 수의 사칙연산을 비교해보는 것을 생각해볼 수 있습니다.
앞의 수에 먼저 2배를 해준 후 뒤의 수와 합한 값은 각 연산의 결괏값과 1씩 차이나게 됩니다. 따라서 식은 다음과 같습니다.
A ▽ B = (A × 2) + B − 1

정답 : A ◇ B = (A ÷ B) + 2 / A □ B = A + B − 4 / A ▽ B = (A × 2) + B − 1

확인하기

아래의 연산기호 ▲의 규칙을 찾아 A ▲ B를 사칙연산 식으로 나타내세요.

3 ▲ 5 = 7   1 ▲ 7 = 13

4 ▲ 6 = 8   1 ▲ 5 = 9

4 연습문제

01 표와 같이 ○가 1씩 커질 때마다 ◎는 일정한 규칙으로 변합니다. 표의 규칙을 찾아서 ○ + ◎ = 89가 될 때, ○를 모두 구하세요.

○	1	2	3	4	5	6	⋯
◎	4	3	6	5	8	7	⋯

02 연산기호 ◈의 규칙을 A ◈ B = (A + B) + (A × B)라고 한다면 아래의 식에서 C에 알맞은 수를 적으세요.

$$(5 ◈ C) ◈ 2 = 107$$

03 <보기>의 연산기호 ■의 규칙을 찾아서 A에 들어갈 수 있는 수의 개수를 구하세요. (단, A는 17을 제외한 25보다 작은 자연수입니다.)

보기

$$5 ■ 7 = 4 \qquad 10 ■ 8 = 4$$

$$9 ■ 13 = 7 \qquad 5 ■ 2 = 1$$

$$A ■ 17 = 3$$

04 〈보기〉의 연산기호 ♤의 규칙을 찾아 A에 알맞은 값을 구하세요.

> 보기
>
> $1 ♤ 2 = 3$ $6 ♤ 2 = 16$
>
> $4 ♤ 3 = 9$ $1 ♤ 5 = 6$

$$7 ♤ 9 = A$$

05 연산기호 ◖의 규칙을 찾아 A ◖ B를 사칙연산 식으로 나타내세요.

> $1 ◖ 2 = 3$ $3 ◖ 6 = 21$
>
> $7 ◖ 4 = 35$ $9 ◖ 2 = 27$

06 〈보기〉와 같이 연산기호 ▦, ◎의 규칙을 정했을 때, 다음 물음에 답하세요.

> 보기
>
> $A ▦ B = (A × B) + (A + B)$
>
> $A ◎ B = (A ÷ B) × (A + B)$

1. $4 ▦ 8$, $8 ▦ 4$를 각각 계산하고 결괏값을 비교하세요. 결과가 다르다면 그에 대한 이유를 적으세요.

2. $4 ◎ 8$, $8 ◎ 4$를 각각 계산하고 결괏값을 비교하세요. 결과가 다르다면 그에 대한 이유를 적으세요.

4 연습문제

07 <보기>의 연산기호 ▤ 의 규칙을 찾아 아래의 식을 만족하는 두 자리 자연수인 ㉠ 을 모두 구하세요.

> **보기**
>
> 13 ▤ 5 = 5   9 ▤ 3 = 3
>
> 5 ▤ 2 = 3   13 ▤ 2 = 7

$$13 \times \{(㉠ ▤ 8) + 3\} = 117$$

08 <보기>의 연산기호 ⊙ 의 규칙을 찾아서 아래의 식을 만족하는 한 자리 수 A, B 의 순서쌍의 개수를 구하세요.

> **보기**
>
> 7 ⊙ 9 = 9   2 ⊙ 6 = 3   4 ⊙ 7 = 10

$$A ⊙ B = 7$$

09 <보기> 와 같이 순서쌍 X(A, B, C), Y(A, B, C) 의 연산규칙을 정의했습니다. □ 에 알맞은 수를 구하세요.

> **보기**
>
> X(5, 1, 6) = 31   Y(5, 1, 6) = 29
>
> X(3, 6, 9) = 33   Y(3, 6, 9) = 21

$$Y(X(1, 2, 3), X(6, 1, 3), Y(3, 1, 6)) = □$$

10 〈보기〉와 같이 연산을 정의했습니다. 이때 ㉠에 알맞은 수를 구하세요.

> **보기**
>
> $\begin{array}{|c|c|} \hline A & B \\ \hline C & D \\ \hline \end{array}$ = (A × D) − (B × C)

$$\begin{array}{|c|c|} \hline 5 & \begin{array}{|c|c|} \hline 3 & 2 \\ \hline ㉠ & 4 \\ \hline \end{array} \\ \hline 3 & 4 \\ \hline \end{array} = 8$$

11 〈보기〉와 같이 연산기호 ♣, ♣의 규칙을 정했습니다. A에 알맞은 수를 구하세요.

> **보기**
>
> 8 ♣ 4 = 6   2 ♣ 6 = 5   7 ♣ 9 = 8
>
> 5 ♣ 3 = 36   9 ♣ 8 = 512   6 ♣ 1 = 5

(12 ♣ 5) ♣ (8 ♣ 3) = A

01 〈보기〉와 같이 연산기호 §의 규칙을 정했을 때, 다음 물음에 답하세요. (단, A와 B는 자연수입니다.)

> 보기
>
> A§B = (2 × A × B) − (A + B)

1. A§B와 B§A를 비교해서 연산기호 §는 교환법칙이 성립하는지 적으세요.

2. A§(B§C)와 (A§B)§C를 비교해서 연산기호 §는 결합법칙이 성립하는지 적으세요.

02 〈보기〉의 연산기호 ~의 규칙을 찾아서 A에 들어갈 수 있는 수를 구하세요.

> 보기
>
> 1 ~ 4 = 10   5 ~ 1 = 46   8 ~ 8 = 24

$$\{(2 \sim 7) \sim (A \sim 13)\} = 10$$

03 아래와 같이 연산기호 ※와 #의 규칙을 정의했습니다. 1 ※ 2 = 5, (2 ※ 3) # 4 = 64일 때, (2 # 5) ※ 3을 계산하세요. (단, a, b, c는 모두 자연수입니다.)

$$A ※ B = (a × A) + (b × B)$$
$$A \# B = c × A × B$$

04 <보기>와 같이 연산기호 ▼의 연산 규칙을 정의했습니다. 연산 규칙을 찾아서 A에 알맞은 수를 구하세요.

보기
$$2 ▼ 2 = 9 \qquad 4 ▼ 6 = 49$$
$$1 ▼ 8 = 45 \qquad 5 ▼ 5 = 45$$

$$A ▼ 10 = 77$$

01 <보기>와 같이 집합들의 관계를 그림으로 나타낸 것을 벤다이어그램이라고 합니다. 다음 물음에 답하세요.

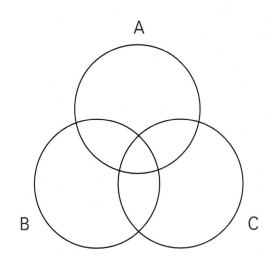

연산기호 $\triangle$를 $A \triangle B = (A - B) \cup (B - A)$라고 정의할 때, 아래 그림에 $A \triangle$ $(B \triangle C)$가 나타내는 부분을 색칠하세요.

02

창의융합문제

바르셀로나는 천재 건축가 가우디가 지은 여러 건축물로도 유명한 도시로서 모더니즘 건축의 중심지이자 스페인에서 가장 이국적인 도시입니다.

가우디는 공인된 건축가로서 그가 건물을 짓는데 필요한 인원과 금액은 모두 바르셀로나시 자체에서 지원을 해주었습니다. 그는 새로운 건축물을 지으려 할 때, 본인만의 독특한 방식으로 필요한 인원수와 금액을 요청했다고 하는데 이는 아래와 같습니다.

▲ 바르셀로나 상징 건물

- · 2층 건물을 지을 땐 150명의 인원이 필요하고 금액은 300만 유로가 필요합니다.
- · 3층 건물을 지을 땐 230명의 인원이 필요하고 금액은 1380만 유로가 필요합니다.
- · 4층 건물을 지을 땐 310명의 인원이 필요하고 금액은 3720만 유로가 필요합니다.
- · …

가우디가 인원수를 정하는 데 사용한 연산기호를 ◇, 금액을 정하는 데 사용한 연산기호를 ◆라고 놓으면 아래와 같습니다. 각 연산기호의 규칙을 찾아내서 가우디가 8층 건물을 지으려 할 때, 도시에 요청한 인원수와 금액을 구하세요.

$$2 ◇ = 150 \qquad 2 ◆ 150 = 300$$

$$3 ◇ = 230 \qquad 3 ◆ 230 = 1380$$

$$4 ◇ = 310 \qquad 4 ◆ 310 = 3720$$

스페인에서 넷째 날 모든 문제 끝!
가우디 투어를 하러 가는 무우와 친구들에게 어떤 일이 일어날까요?

프랙탈이란?

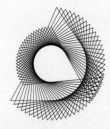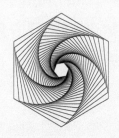

'프랙탈'이란 부분과 전체가 똑같은 모양을 하고 있다는 자기 유사성 개념을 기하학적으로 보여주는 구조를 말합니다.

단순한 구조가 끊임없이 반복되면서 복잡하고 묘한 전체 구조를 만드는 것이 특징으로 나뭇가지의 모양, 번개, 해안선의 모습, 산맥의 모습, 얼음 결정의 모습 등등 우리의 일상 속 많은 것들이 이러한 프랙탈 구조를 가지고 있습니다.

최근에는 이러한 프랙탈 구조를 이용해서 컴퓨터 이미지 또는 미디어로 표현하는 알고리즘 예술 형태인 '프랙탈 아트' 분야도 생기게 되었습니다.

Adobe Stock | 493782635

5. 도형에서의 규칙

스페인 다섯째 날 DAY 5

무우와 친구들은 스페인의 다섯째 날, 바르셀로나의 <가우디 투어>를
하기로 했어요.

자, 그럼 <가우디 투어>에서 기다리는 수학문제들을 만나러 가볼까요?

여기는 마지막 수학여행지 입니다.

궁금해요 ?

아래와 같이 한 변의 길이가 1인 정사각형을 일정한 규칙으로 붙여갈 때, 가장 아래 줄의 정사각형의 개수가 20개인 단계가 〈n 단계〉일 때, 〈1단계〉 도형부터 〈n 단계〉 도형까지 도형들의 가장 바깥쪽 둘레의 합을 구하세요.

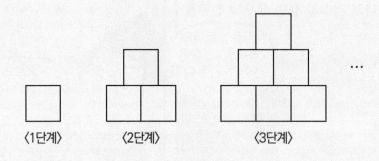

〈1단계〉　　　　〈2단계〉　　　　　　〈3단계〉

1 수열의 합

1. 첫 번째 항이 a, 공차(인접한 항들 간의 차이)가 d인 등차수열

→ a, a + d, a + 2d, a + 3d, ···.

① n 번째 항 : a + (n − 1)d

예 첫 번째 항이 1, 공차가 3인 등차수열에서 10번째 항은

1 + (10 − 1)3 = 28

② 첫 번째 항부터 n 번째 항까지의 합 : $\dfrac{n \times (첫\ 번째\ 항 + n\ 번째\ 항)}{2}$

예 첫 번째 항이 1, 공차가 3인 등차수열에서 1항부터 10항까지의 합

$= \dfrac{10 \times (1 + 28)}{2} = 145$

2. 첫 번째 항이 a, 공비(연속하는 두 항의 비)가 r인 등비수열

→ a, ar, ar², ar³, ···.

① n 번째 항 : $ar^{(n - 1)}$

예 첫 번째 항이 1, 공차가 3인 등비수열에서 10번째 항은

$$1 \times 3^{(10-1)} = 3^9$$

② 첫 번째 항부터 n 번째 항까지의 합 : $\dfrac{a \times (r^n - 1)}{r - 1}$

예 첫 번째 항이 1, 공비가 3인 등비수열에서 1항부터 10항까지의 합

$$= \dfrac{1 \times (3^{10} - 1)}{3 - 1} = \dfrac{(3^{10} - 1)}{2}$$

설명

1. 첫 번째 항이 a, 공차가 d, n 번째항 까지의 합이 S 인 등차수열의 합 공식 구하기

$$S = a + (a + d) + (a + 2d) + \cdots + \{a + (n-2)d\} + \{a + (n-1)d\}$$
$$+ \ S = \{a + (n-1)d\} + \{a + (n-2)d\} + \cdots + (a + 2d) + (a + d) + a$$
$$\overline{2S = \{2a + (n-1)d\} + \{2a + (n-1)d\} + \cdots + \{2a + (n-1)d\} + \{2a + (n-1)d\}}$$

$$\cdots\cdots\cdots\cdots\cdots\cdots\cdots\cdots\text{ n 개 } \cdots\cdots\cdots\cdots\cdots\cdots\cdots\cdots$$

$$2S = n \times \{2a + (n-1)d\}$$

$$S = \dfrac{n \times \{2a + (n-1)d\}}{2} = \dfrac{n \times (\text{첫 번째 항} + n \text{ 번째 항})}{2}$$

2. 첫 번째 항이 a, 공비가 r, n 번째항 까지의 합이 S 인 등비수열의 합 공식 구하기

$$S = a + ar + ar^2 + \cdots + ar^{(n-2)} + ar^{(n-1)}$$
$$- \ rS = ar + ar^2 + ar^3 + \cdots + ar^{(n-1)} + ar^n$$
$$\overline{(1 - r)\,S = a - ar^n}$$

$$S = \dfrac{a \times (1 - r^n)}{1 - r} = \dfrac{a \times (r^n - 1)}{r - 1}$$

정답

1. 정사각형의 개수는 단계가 늘어갈수록 1, 1 + 2, 1 + 2 + 3, …으로 늘어나게 됩니다.
   또한 n 단계에서 가장 아래줄의 정사각형의 개수는 n 개가 됩니다.
   따라서 가장 아래줄의 정사각형의 개수가 20개인 단계는 20단계가 됩니다.

2. 각 단계에서 도형의 둘레를 살펴보면 다음과 같습니다.
   〈1단계〉 도형의 둘레 : 4, 〈2단계〉 도형의 둘레 : 8, 〈3단계〉 도형의 둘레 : 12, …
   규칙을 살펴보면 도형의 둘레는 첫 번째 항이 4이고 공차가 4인 등차수열이 됩니다.
   따라서 〈20단계〉 도형의 둘레는 다음과 같습니다.
   〈20단계〉 도형의 둘레 = 4 + (20 - 1) × 4 = 80

3. 〈1단계〉 부터 〈20단계〉까지의 도형들의 둘레의 합은 다음과 같습니다.

   〈1단계〉 부터 〈20단계〉까지의 도형들의 둘레의 합 = $\dfrac{20 \times (4 + 80)}{2}$ = 840

대표문제

1. 평면도형에서의 규칙

성당의 외벽 무늬를 관찰하던 무우는 외벽무늬가 일부가 전체와 닮아 있는 '프랙탈 구조' 와 비슷하다는 것을 생각했습니다. 〈1단계〉 도형의 넓이는 4입니다. 아래와 같이 삼각형을 4등분해서 가운데 조각을 버리는 것을 계속 반복해 나갈 때, 〈1단계〉부터 〈8단계〉까지의 도형들의 넓이의 합을 구하세요. (단, $\left(\frac{3}{4}\right)^8 = 0.1$로 계산합니다.)

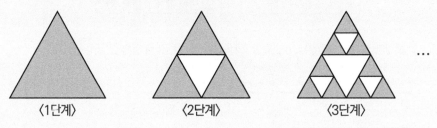

〈1단계〉　　　〈2단계〉　　　〈3단계〉　　　...

Step 1 단계가 올라갈 때, 도형의 넓이는 어떻게 변하는지 구하세요.

Step 2 8단계 도형의 넓이를 구하세요.

Step 3 〈1단계〉부터 〈8단계〉까지의 도형들의 넓이의 합을 구하세요.

풀이

문제 해결 TIP

도형들의 넓이들을 구해보면 등비수열 이 됩니다.

Step 1 각 단계별로 도형의 넓이를 구해보면 다음과 같습니다.

〈1단계〉 넓이 : 4, 〈2단계〉 넓이 : $4 \times \frac{3}{4}$, 〈3단계〉 넓이 : $4 \times (\frac{3}{4})^2$, …

단계가 올라갈 때마다 도형의 넓이는 전 단계 도형의 넓이의 $\frac{3}{4}$배가 됩니다.

Step 2 도형들의 넓이는 첫 번째 항이 4이고 공비가 $\frac{3}{4}$인 등비수열을 이루고 있습니다.

따라서 〈8단계〉 도형의 넓이는 $4 \times (\frac{3}{4})^{(8-1)} = 4 \times (\frac{3}{4})^7$입니다.

Step 3 첫 번째 항이 4이고 공비가 $\frac{3}{4}$인 등비수열에서 첫 번째 항부터 8번째 항까지의 합은 다음과 같습니다.

〈1단계〉부터 〈8단계〉 까지의 도형들의 넓이의 합

$$: \frac{4 \times \{1 - (\frac{3}{4})^8\}}{1 - \frac{3}{4}} = 16 \times \{1 - (\frac{3}{4})^8\} = 16 \times (1 - 0.1) = 16 \times 0.9 = 14.4$$

정답 : 풀이과정 참조 / 풀이과정 참조 / 14.4

확인하기

아래와 같이 정삼각형의 각 변을 3등분하고 작은 정삼각형을 덧붙여서 다음 도형 을 만듭니다. 〈1단계〉 도형의 둘레가 9일 때, 〈8단계〉 도형의 둘레를 구하세요. (단, $(\frac{4}{3})^7 = 7.5$로 계산합니다.)

〈1단계〉

〈2단계〉

〈3단계〉

…

⑤ 대표문제

2. 입체도형에서의 규칙

사그라다 파밀리아 성당

멋지다~
가까이 가니 성당 상층부의 탑들이 잘 보이네.

영컴 멋네!
탑에 구멍이 잔뜩 나있어!

저 구멍난 모습은 '맹거 스펀지'와 닮은 것 같아~

맹거 스펀지? 그게 뭔데?

어서 알려줘!

맹거 스펀지는 다음과 같이 정육면체를 27등분하여 각 면의 가운데 조각과 정육면체의 중심에 있는 조각 총 7개를 빼는 과정을 계속해서 반복해서 만드는 도형입니다.

〈1단계〉 정육면체의 부피가 27일 때, 〈8단계〉 맹거 스펀지의 부피를 구하세요.

(단, $(\frac{20}{27})^7 = 0.12$로 계산합니다.)

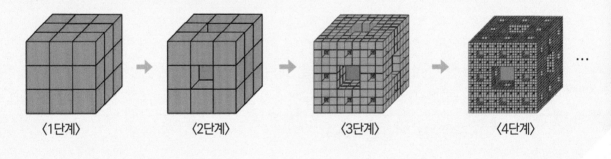

〈1단계〉 ➡ 〈2단계〉 ➡ 〈3단계〉 ➡ 〈4단계〉 ...

🔖 **Step 1** 〈2단계〉 정육면체의 부피를 구하고 〈1단계〉 정육면체의 부피와의 비를 구하세요.

🔖 **Step 2** 〈3단계〉 정육면체의 부피를 구하고 〈2단계〉 정육면체의 부피와의 비를 구하세요.

🔖 **Step 3** 〈8단계〉 맹거 스펀지의 부피를 구하세요.

문제 해결 TIP

· 해당 도형을 뒤
집어서 붙이면
정삼각기둥이
됩니다.

Step 1 〈1단계〉 정육면체의 부피는 27입니다.
〈2단계〉 정육면체는 〈1단계〉 정육면체를 27등분하여 각 면의 가운데 조각과 정
육면체의 중심에 있는 조각 총 7개의 조각을 빼내서 만듭니다.
따라서 〈2단계〉 정육면체의 부피는 20이 됩니다. 〈1단계〉 정육면체의 부피와
〈2단계〉 정육면체의 부피의 비는 27 : 20입니다.

Step 2 〈2단계〉 정육면체의 부피는 20입니다.
Step 1 에서 했던 방식과 마찬가지로 〈3단계〉 정육면체의 부피를 구하면
$20 \times \frac{20}{27} = \frac{400}{27}$입니다.
따라서 〈2단계〉 정육면체의 부피와 〈3단계〉 정육면체의 부피의 비도 27 : 20입
니다.

Step 3 각 단계에서 정육면체의 부피는 다음과 같습니다.
$27, 20, \frac{400}{27}, \cdots$ ➡ $27, 27 \times \frac{20}{27}, 27 \times \frac{20}{27} \times \frac{20}{27}, \cdots$
정육면체의 부피들은 첫 번째 항이 27이고 공비가 $\frac{20}{27}$인 등비수열이 됩니다.
〈8단계〉 맹거 스펀지의 부피는 다음과 같습니다.
첫 번째 항이 27이고 공비가 $\frac{20}{27}$인 등비수열의 8번째 항
$= 27 \times (\frac{20}{27})^7 = 27 \times (0.12) = 3.24$
따라서 〈8단계〉 맹거 스펀지의 부피는 3.24입니다.

정답 : 풀이과정 참조 / 풀이과정 참조 / 3.24

문제와 같은 상황에서 〈8단계〉 맹거 스펀지의 겉넓이를 구하세요. (단, $(\frac{4}{3})^7 = 7.5$
로 계산합니다.)

5 연습문제

01 아래와 같이 일정한 규칙에 따라 작은 정사각형들을 붙여서 새로운 도형을 만들려고 합니다. 〈12단계〉의 도형을 만들기 위해 필요한 작은 정사각형의 개수를 구하세요.

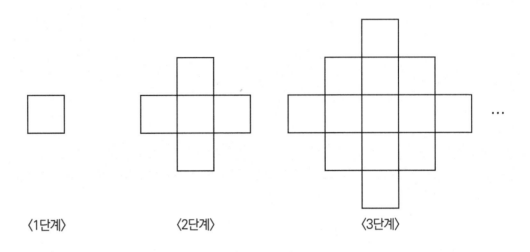

〈1단계〉 　　　　〈2단계〉 　　　　〈3단계〉

02 아래와 같이 점들을 일정한 규칙으로 각 단계에 나열하였습니다. 〈10단계〉에 있는 점의 개수를 구하세요.

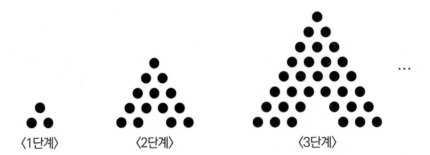

〈1단계〉 　　　　〈2단계〉 　　　　〈3단계〉

03 아래와 같이 반지름의 길이가 1인 원 O_1의 외부에 반지름의 길이가 2인 원 O_2를 그리고 원 O_2의 외부에 반지름의 길이가 4인 원 O_3를 그려나가는 규칙대로 원들을 계속 그려나가려 합니다. 원 O_1부터 원 O_6까지의 모든 원의 넓이의 합을 구하세요. (단, π(원주율) = 3 으로 계산합니다.)

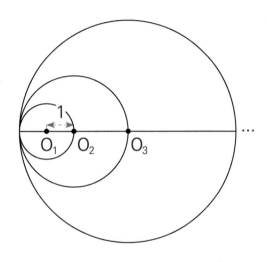

04 아래와 같이 크기와 모양이 같은 정사각형들을 일정한 규칙에 따라 붙여서 새로운 도형을 만들고 있습니다. 한 정사각형의 넓이가 1일 때, 넓이가 992인 도형은 몇 단계의 도형일지 구하세요.

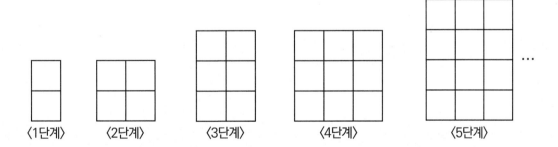

〈1단계〉 〈2단계〉 〈3단계〉 〈4단계〉 〈5단계〉

연습문제

05 아래와 같이 일정한 규칙에 따라 한 변의 길이가 1인 작은 정삼각형을 붙여서 새로운 도형을 만들고 있습니다. 〈1단계〉는 작은 정삼각형 1개, 〈2단계〉는 작은 정삼각형 4개, 〈3단계〉는 작은 정삼각형 9개, … 로 만든 도형일 때, 둘레의 길이가 93인 〈n 단계〉의 도형은 몇 개의 작은 정삼각형을 붙여서 만든 도형일지 적으세요.

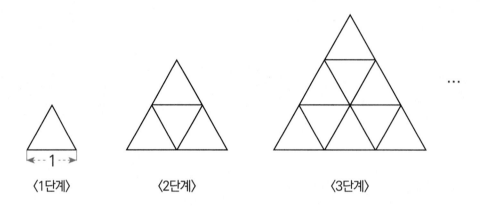

〈1단계〉　　　　〈2단계〉　　　　〈3단계〉

06 아래와 같이 정사각형을 일정한 규칙에 따라 부분을 나누어서 색칠하려 합니다. 색칠된 사각형의 개수가 처음으로 1000개가 넘는 단계는 몇 단계일지 구하세요.

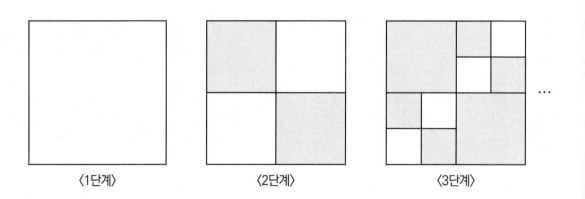

〈1단계〉　　　　〈2단계〉　　　　〈3단계〉

07 아래와 같이 삼각형을 일정한 규칙에 따라 자르면 〈1단계〉에서 나누어진 부분의 개수는 1개, 〈2단계〉에서 나누어진 부분의 개수는 4개, 〈3단계〉에서 나누어진 부분의 개수는 13개가 됩니다. 이와 같이 자를 때, 〈7단계〉에서 나누어진 부분의 개수를 구하세요.

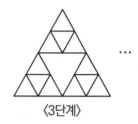

〈1단계〉 〈2단계〉 〈3단계〉

08 아래는 넓이가 10인 정사각형의 각 변을 2등분, 3등분, 4등분, …하고 그중 4점을 이어 새로운 정사각형을 만드는 과정을 보여주고 있습니다. 〈15단계〉에서 만들어지는 새로운 정사각형의 넓이를 구하세요.

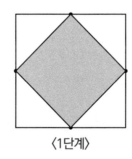
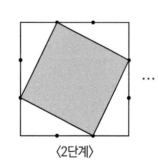

〈1단계〉 〈2단계〉

01 내각들을 작은 각부터 차례대로 나열하면 인접한 항끼리의 차이가 20°인 등차수열이 되는 어떤 n 각형이 있습니다. 이 n 각형에서 가장 작은 각이 40°일 때, 이를 만족하는 n 각형은 어떤 도형일지 구하세요.

02 아래와 같이 일정한 규칙으로 선분들을 나선형으로 그리려고 합니다. 첫 번째 선분의 길이가 1, 두 번째 선분의 길이가 2, 세 번째 선분의 길이가 4 ,…일 때, 첫 번째 선분부터 열 번째 선분까지의 길이의 합을 구하세요

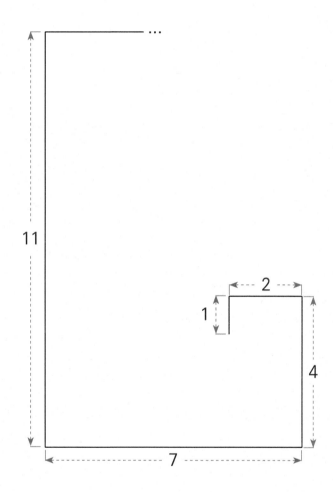

심화문제

03 아래와 같이 점의 개수가 일정한 규칙에 따라 늘어갑니다. 〈10번째 줄〉에 있는 점의 개수를 구하세요.

〈1번째 줄〉 1개
〈2번째 줄〉 3개
〈3번째 줄〉 6개
〈4번째 줄〉 12개
〈5번째 줄〉 23개

04 아래와 같이 정사면체의 각 변을 2등분해서 각각을 한 변으로 하는 작은 정사면체 4개를 만들고 나머지 부분을 없애는 과정을 반복하면 '시어핀스키 피라미드'가 됩니다. 〈1단계〉 도형의 부피가 16일 때, 〈9단계〉 도형의 부피를 구하세요.

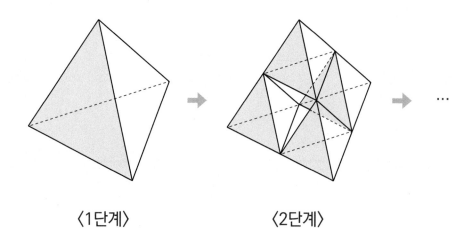

〈1단계〉　　　　〈2단계〉

01 아래 〈보기〉의 도형은 한 변의 길이가 1, $\dfrac{1}{2}$, $\dfrac{1}{4}$, $\dfrac{1}{8}$, ⋯ 인 정사각형을 일렬로 붙여 놓은 도형입니다. 아래와 같이 첫 번째 항이 $\dfrac{1}{2}$이고 공비가 $\dfrac{1}{2}$인 등비수열의 모든 항을 계속 더한 값은 1입니다.

〈보기〉의 도형을 이용해서 합이 1이 되는 이유를 설명하세요.

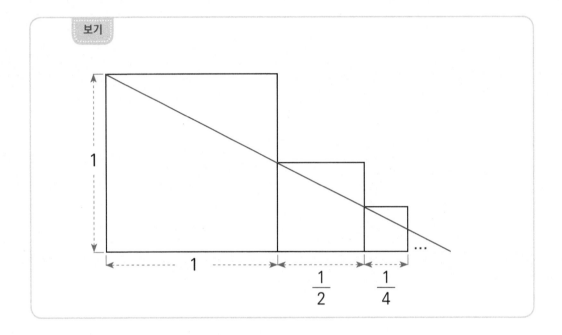

보기

$$\frac{1}{2} + \frac{1}{4} + \frac{1}{8} + \frac{1}{16} + \frac{1}{32} + \cdots = 1$$

아래와 같이 한 변의 길이가 1인 정삼각형 모양의 노란색, 빨간색 벽돌들을 이용해서 일정한 규칙에 따라 〈1단계〉에서는 한 변의 길이가 1인 정육각형 모양의 무늬, 〈2단계〉에서는 한 변의 길이가 2인 정육각형 모양의 무늬, … 들을 만들려고 합니다. 〈10단계〉에서의 정육각형 모양의 무늬를 만들기 위해서 필요한 노란색 벽돌의 개수와 빨간색 벽돌의 개수를 각각 구하세요.

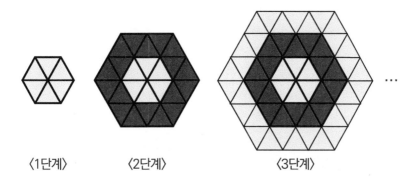

〈1단계〉   〈2단계〉   〈3단계〉

스페인에서 다섯째 날 모든 문제 끝!
친구들과 함께하는 수학여행을 마친 기분은 어떤가요?

무한상상

무한상상

창의영재수학

아이앤아이

정답 및 풀이

고급 D
초6~중등

규칙
스페인편

창의영재수학

아이앤아이

정답 및 풀이

고급 D 규칙
초등6~중등 스페인편

1. 암호 해독하기

대표문제 1 확인하기 ………………………… P. 13

[정답] 린은날5어이5니입다월일

[풀이 과정]

어	린	이	날	은	5	월	5	일	입	니	다
1	2	3	4	5	6	1	2	3	4	5	6

암호키 : 254613

린	은	날	5	어	이	5	니	입	다	월	일
2	5	4	6	1	3	2	5	4	6	1	3

대표문제 2 확인하기 ………………………… P. 15

[정답] america

[풀이 과정]

정상글	a	b	c	d	e	f	g	h	i	j	k	l	m
암호문	d	e	f	g	h	i	j	k	l	m	n	o	p
정상글	n	o	p	q	r	s	t	u	v	w	x	y	z
암호문	q	r	s	t	u	v	w	x	y	z	a	b	c

연습문제 01 ………………………… P. 16

[정답] 135679

[풀이 과정]

① 맨 앞 자리를 1번째 자리 숫자라고 했을 때, n번째 자리의 숫자가 1 인 자릿수를 n으로 표기하고 0인 자릿수는 표기하지 않는 방법으로 암호화를 한 것입니다.

② 101 → 1번째 자리, 3번째 자리 숫자가 1입니다. 따라서 13입니다.

③ 10101 → 1번째 자리, 3번째 자리, 5번째 자리 숫자가 1입니다. 따라서 135입니다.

④ 111011 → 1번째, 2번째, 3번째, 5번째, 6번째 자리 숫자가 1 입니다. 따라서 12356입니다.

⑤ 101011101 의 경우 1번째, 3번째, 5번째, 6번째, 7번째, 9번째 자리 숫자가 1입니다.
　따라서 〈보기〉의 규칙으로 101011101을 암호로 나타내면 135679가 됩니다. (정답)

연습문제 02 ………………………… P. 16

[정답] BAKERY

[풀이 과정]

① SPRING 이 어떤 규칙에 따라 PMOFKD로 암호화 되었습니다. 이에 따라 암호 해독표를 만들면 다음과 같습니다.

A	B	C	D	E	F	G	H	I	J	K	L	M
						D		F				
N	O	P	Q	R	S	T	U	V	W	X	Y	Z
K		M			O	P						

② 규칙을 찾아보면 본래의 알파벳의 순서보다 3번째 앞에 있는 알파벳으로 치환된 것을 알 수 있습니다. 이에 따라 암호 해독표를 완성하면 다음과 같습니다.

A	B	C	D	E	F	G	H	I	J	K	L	M
X	Y	Z	A	B	C	D	E	F	G	H	I	J
N	O	P	Q	R	S	T	U	V	W	X	Y	Z
K	L	M	N	O	P	Q	R	S	T	U	V	W

③ 따라서 암호 해독표에 따라 암호화된 YXHBOV를 해독하면 BAKERY입니다. (정답)

[정답] 풀이 과정 참조

[풀이 과정]

① '내일 지구의 종말이 오더라도 나는 한 그루의 사과나무를 심을 것이다' 는 총 28글자입니다. 따라서 28의 약수로 글자를 나누어서 암호키를 이용해 암호화하도록 합니다.

② 4글자 단위로 나누는 경우

〈보기〉의 문장은 (내일지구)(의종말이)(오더라도)(나는 한그)(루의사과)(나무를심)(을것이다)와 같이 나누어지게 됩니다. 나누어진 4글자 단위에 1234를 부여하고 암호키의 한 가지 예로 4132로 섞어서 암호화를 하면 암호키가 4132인 암호화된 문장이 됩니다.

(구내지일)(이의말종)(도오라더)(그나한는)(과루사의)(심나를무)(다을이것)

따라서 암호화된 문장은 '구내지일이의말종도오라더그나한는과루사의심나를무다을이것' 입니다.

③ 7글자 단위로 나누는 경우

〈보기〉의 문장은 (내일지구의종말)(이오더라도나는)(한그루의사과나)(무를심을것이다)와 같이 나누어지게 됩니다. 나누어진 7글자 단위에 1234567을 부여하고 암호키의 한 가지 예로 4563271로 섞어서 암호화를 하면 암호키가 4563271인 암호화된 문장이 됩니다.

(구의종지일말내)(라도나더오는이)(의사과루그나한)(을것이심를다무)

따라서 암호화된 문장은 '구의종지일말내라도나더오는이의사과루그나한을것이심를다무' 입니다.

④ 정답은 이외에도 많습니다.

[정답] 여름방학

[풀이 과정]

① '수학' = GuNoA, '화학' = NsoNoA이므로 '수' = Gu, '화' = Nso, '학' = NoA입니다.

② '화학' = NsoNoA, '화요일' = NsoHtHxD 이므로 '요일' = HtHxd입니다.

③ 암호화된 규칙을 살펴보면 자음은 대문자, 모음은 소문자로 표기하는 것을 알 수 있습니다.

위에서 구한 것으로 암호 해독표를 만들면 다음과 같습니다.

ㄱ	ㄴ	ㄷ	ㄹ	ㅁ	ㅂ	ㅅ	ㅇ	ㅈ	ㅊ	ㅋ	ㅌ	ㅍ
A						G						
ㅎ	ㅏ	ㅑ	ㅓ	ㅕ	ㅗ	ㅛ	ㅜ	ㅠ	ㅡ	ㅣ		
N	o				s	t	u			x		

④ 따라서 이 암호 규칙은 자음과 모음을 순서대로 나열한 뒤 알파벳의 순서에 맞게 치환하고 자음은 대문자로, 모음은 소문자로 표기하는 것입니다. 이를 토대로 암호 해독표를 완성하면 다음과 같습니다.

ㄱ	ㄴ	ㄷ	ㄹ	ㅁ	ㅂ	ㅅ	ㅇ	ㅈ	ㅊ	ㅋ	ㅌ	ㅍ
A	B	C	D	E	F	G	H	I	J	K	L	M
ㅎ	ㅏ	ㅑ	ㅓ	ㅕ	ㅗ	ㅛ	ㅜ	ㅠ	ㅡ	ㅣ		
N	o	p	q	r	s	t	u	v	w	x		

⑤ 따라서 암호 해독표로 HrDwEFoHNoA를 해독하면 '여름방학' 이 됩니다. (정답)

[정답] 35124

[풀이 과정]

① '수학을 배우는 유일한 방법은 수학을 하는 것이다.' 는 총 20글자입니다. 따라서 암호키를 이용해서 이 문장을 암호화하려면 20의 약수 갯수의 단어로 문장을 나누어야 합니다.

② 5글자씩 나누어서 암호키를 이용해 암호화했다고 가정하고 암호화된 문장을 5글자씩 나누어 봅니다.

'을우수학배일방는유한수을법은학것다하는이'

→ (을우수학배)(일방는유한)(수을법은학)(것다하는이)

이 문장을 (수학을배우)(는유일한방)(법은수학을)(하는것이다)와 비교해보면 암호키는 35124 임을 확인할 수 있습니다.

③ 이외에도 10글자씩 나누어서 암호키를 만드는 방법도 있습니다.

[정답]

[풀이 과정]

① 〈보기〉의 규칙을 살펴보면 ○는 1을 의미하고 ▭는 5를 나타낸다고 알 수 있습니다.

따라서 ▭○○ 는 5 + 2 = 7, ▭○ 는 5 + 1 = 6을 나타냅니다.

② 7 + 6 = 13이고 13은 ▭○○○ 로 표기됩니다. (정답)

연습문제 07 .... P. 18

[정답] HcGcAaAcDaIcBcEcDe

[풀이 과정]

① 아버지 = HaFcIj, 어머니 = HcEcBj입니다. 이에 따라 암호 해독표를 만들면 다음과 같습니다.

ㄱ	ㄴ	ㄷ	ㄹ	ㅁ	ㅂ	ㅅ	ㅇ	ㅈ	ㅊ	ㅋ	ㅌ	ㅍ	ㅎ
	B			E	F		H						

ㅏ	ㅑ	ㅓ	ㅕ	ㅗ	ㅛ	ㅜ	ㅠ	ㅡ	ㅣ
a		c							j

② 이 규칙은 자음은 순서대로 대문자 알파벳으로 치환하고 모음은 순서대로 소문자 알파벳으로 치환한 것입니다. 이에 따라 암호 해독표를 완성하면 다음과 같습니다.

ㄱ	ㄴ	ㄷ	ㄹ	ㅁ	ㅂ	ㅅ	ㅇ	ㅈ	ㅊ	ㅋ	ㅌ	ㅍ	ㅎ
A	B	C	D	E	F	G	H	I	J	K	L	M	N

ㅏ	ㅑ	ㅓ	ㅕ	ㅗ	ㅛ	ㅜ	ㅠ	ㅡ	ㅣ
a	b	c	d	e	f	g	h	i	j

③ 이 규칙으로 '어서가거라 저너머로'를 암호로 표현하면 'HcGcAaAcDaIcBcEcDe' 입니다. (정답)

연습문제 08 .... P. 18

[정답] 9018649

[풀이 과정]

① <보기>에 나와있는 암호키를 보면 암호로 적혀있는 문장에서 '소'와 '수'를 빼면 완전한 문장이 됩니다.

② 따라서 암호로 적혀있는 '9207137865549'에서 '소수'를 빼면 완전한 비밀번호인 '9018649'를 얻을 수 있습니다.

연습문제 09 .... P. 19

[정답] 2001

[풀이 과정]

① 'APPLE' = 11120, 'SUMMER' = 413303, 'WINTER' = 344003인 것으로 암호 해독표를 만들면 다음과 같습니다.

A	B	C	D	E	F	G	H	I	J	K	L	M
1				0				4			2	3
N	O	P	Q	R	S	T	U	V	W	X	Y	Z
4		1		3	4	0	1		3			

② 규칙을 생각해보면 알파벳 순서대로 '12340'을 반복해서 치환했음을 알 수 있습니다. 따라서 암호 해독표를 완성하면 다음과 같습니다.

A	B	C	D	E	F	G	H	I	J	K	L	M
1	2	3	4	0	1	2	3	4	0	1	2	3
N	O	P	Q	R	S	T	U	V	W	X	Y	Z
4	0	1	2	3	4	0	1	2	3	4	0	1

③ 따라서 암호 해독표에 따라 BOOK 은 '2001'로 암호화 됩니다. (정답)

연습문제 10 .... P. 19

[정답] 8

[풀이 과정]

① 이 규칙은 숫자를 도형에 포함된 '직각'의 갯수로 나타낸 것입니다.

☐ ∟ △ → 직각의 갯수는 정사각형에서 4개 + ∟ 에서 1개 = 5

△ ⌐ ∟ → 직각의 갯수는 ⌐ 에서 2개 + ∟ 에서 2개 = 4

△ ▽ ⌐ → 직각의 갯수는 ⌐ 에서 1개 = 1

② ☐ _ ◁ ∐ ⊓ ▷ 에 포함된 직각의 갯수는 4 + 2 + 2 = 8개입니다. (정답)

[정답] ⌐⌐ ⌐ ⌐

[풀이 과정]

① 암호키는 해당 숫자, 부호를 적혀있는칸의 테두리의 모양과 바꾼 것임을 말해줍니다.
따라서 이를 토대로 암호 해독표를 만들면 다음과 같습니다.

1	2	3	4	5	6	7	8	9	+	−	×	÷
⌐⌐	⌐⌐	⌐	⌐	⌐	⌐	⌐	⌐	⌐	◁	△	▽	▷

② 위의 암호 해독표로 ⌐⌐ ▽ ⌐ △ ⌐ 를 해독하면 2 × 8 + 5 이므로 계산한 값은 21 = ⌐⌐ ⌐ 입니다. (정답)

[정답] (2, 4) (3, 3) (1, 1) (2, 2) (2, 4) (3, 4) (1, 5)

[풀이 과정]

① <보기>의 규칙은 각 알파벳을 행과 열을 이용한 좌표로 표기하고 있습니다.
A = (1, 1), C = (1, 3), H = (2, 3), L = (3, 2), M = (3, 3), O = (3, 5), S = (4, 4), T = (4, 5)이므로 이를 토대로 암호 해독표를 만들면 다음과 같습니다.

	1	2	3	4	5
1	A		C		
2			H		
3		L	M		O
4				S	T
5					

② 알파벳의 순서에 맞게 남은 부분을 채우면 다음과 같은 암호 해독표를 얻을 수 있습니다.

	1	2	3	4	5
1	A	B	C	D	E
2	F	G	H	I	J
3	K	L	M	N	O
4	P	Q	R	S	T
5	U	V	W	X	Y

③ 이에 맞게 IMAGINE 을 암호화 하면 다음과 같습니다.
IMAGINE = (2, 4) (3, 3) (1, 1) (2, 2) (2, 4) (3, 4) (1, 5)
(정답)

[정답] 95

[풀이 과정]

① <보기>의 규칙은 각 알파벳을 순서에 맞게 숫자로 치환한 후 모두 더한 값으로 암호화 하는 규칙입니다.

② SPAIN = 104입니다. A를 임의의 숫자 a 라고 한다면 알파벳의 순서에 따라
I = a + 8, N = a + 13, P = a + 15, S = a + 18입니다.
따라서 a + (a + 8) + (a + 13) + (a + 15) + (a + 18)
= 5 × a + 54 = 104 이므로 a = A = 10입니다.
이를 FRANCE, ITALY 에 확인해보면 마찬가지로
A = 10입니다.
따라서 이에 따라 암호 해독표를 만들면 다음과 같습니다.

A	B	C	D	E	F	G	H	I	J	K	L	M
10	11	12	13	14	15	16	17	18	19	20	21	22
N	O	P	Q	R	S	T	U	V	W	X	Y	Z
23	24	25	26	27	28	29	30	31	32	33	34	35

③ KOREA의 각 알파벳을 숫자로 치환하여 더하면 20 + 24 + 27 + 14 + 10 = 95입니다. (정답)

[정답] 걷지말고 뛰어라 그리고 거침없이 달려라

[풀이 과정]

① '단체' 는 '낙제' 로 암호화되고, '너비' 는 '거미', '거미' 는 '허리' 로 암호화가 됩니다.
따라서 이는 모음은 그대로 두고 자음만 바로 앞 순서의 자음으로 치환하는 암호 방식입니다.

② 이에 따라 암호해독표를 완성하면 아래와 같습니다.

원래 단어	ㄱ	ㄴ	ㄷ	ㄹ	ㅁ	ㅂ	ㅅ	ㅇ	ㅈ	ㅊ	ㅋ	ㅌ	ㅍ	ㅎ
암호문	ㅎ	ㄱ	ㄴ	ㄷ	ㄹ	ㅁ	ㅂ	ㅅ	ㅇ	ㅈ	ㅊ	ㅋ	ㅌ	ㅍ

③ 따라서 이에 따라 각 단어를 해독하면 다음과 같습니다.

헌	이	라ㄷ	호	ㄴㄴ귀	서	다		
걷	지	말	고	뛰	어	라		
ㅎ	디	호	허	질	섬ㅇ	시	나ㄷ	뎌	다
그	리	고	거	침	없	이	달	려	라

[정답] 진수

[풀이 과정]

① 남성의 핸드폰에 적혀있던 1235792579를 핸드폰 자판을 이용해서 눌러보면 다음과 같습니다.

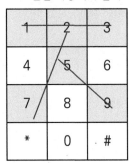

▲ 123579 　　　　　 ▲ 2579

② 이 남성이 핸드폰에 적어놓은 1235792579는 범인의 초성을 의미하면 범인의 초성은 'ㅈㅅ'입니다. 따라서 범인은 진수가 됩니다. (정답)

[정답] 96500원

[풀이 과정]

① 0 ~ 9까지의 숫자를 영어로 표기하면 다음과 같습니다.

0 : Zero , 1 : One , 2 : Two , 3 : Three , 4 : Four
5 : Five , 6 : Six , 7 : Seven , 8 : Eight , 9 : Nine

무우가 숫자를 암호화하는 규칙은 숫자를 영어로 표기할 때 맨 앞의 알파벳으로 치환하는 것입니다.

② 4321 : fTtO 에서 2와 3은 모두 영어로 표기할 때 맨 앞의 알파벳이 t입니다. 이럴 경우 작은 숫자를 소문자로 표기하는 것으로 구분한다는 것을 알 수 있습니다.

0	1	2	3	4	5	6	7	8	9
Z	O	t	T	f	F	s	S	E	N

③ 이 암호 해독표에 따라 무우가 가지고 있는 금액인 'NsFZZ' 원을 해독하면 무우가 가지고 있는 금액은 '96500' 원 임을 알 수 있습니다. (정답)

2. 여러 가지 규칙

[정답] 158H

[풀이 과정]

① 알고리즘 상자의 규칙을 보면 알파벳은 세번째 뒤의 알파벳으로 치환하고 숫자는 홀수일 때는 (× 2), 짝수일 때는 (÷ 2)를 하는 규칙입니다.

② 따라서 79E 의 경우 E는 세번째 뒤의 알파벳인 H로 치환하고 79는 홀수이므로 × 2를 한 158이 되므로 158H가 됩니다.

[정답] 64

[풀이 과정]

① <보기> 에서 도형을 수로 바꾸는 규칙은 다음과 같습니다.

(도형에서 찾을 수 있는 직각의 갯수) × (나누어진 부분의 갯수)

② ⊞ 에서 찾을 수 있는 직각의 갯수는 16개, 나누어진 부분의 갯수는 4개 이므로 <보기>의 규칙으로 이 도형을 수로 나타내면 16 × 4 = 64가 됩니다.

[정답] 127

[풀이 과정]

① <보기>의 알고리즘 상자는 두 수를 입력하면 입력 1의 숫자와 입력 2의 숫자를 곱한 수와 더한 수를 앞, 뒤로 적은 수를 출력하는 규칙을 가지고 있습니다.

② 따라서 4와 3을 이 알고리즘 상자에 입력하면 두 수를 곱한 값인 12와 더한 값인 7을 앞, 뒤로 적은 수인 127이 출력되게 됩니다. (정답)

풀이

문제 해결 TIP

· 원래의 수와 바
 뀐 수 사이의 일
 정한 규칙을 찾
 습니다.

Step 1 아래와 같이 원이 1000씩 늘어날수록 유로는 0.5씩 커지게 됩니다.

원	1000	2000	3000	4000	⋯
유로	0.8	1.3	1.8	2.3	⋯

+ 0.5   + 0.5   + 0.5

1000 : 0.5 = 2000 : 1이므로 각각을 2000으로 나누어 보면 다음과 같이 유로보
다 0.3씩 작은 수가 나오게 됩니다.

원	1000	2000	3000	4000	⋯
원 ÷ 2000	0.5	1.0	1.5	2.0	⋯

따라서 원과 유로의 관계식은 다음과 같습니다.

유로 = (원 ÷ 2000) + 0.3

Step 2 아래와 같이 달러가 1씩 늘어날수록 유로는 0.75씩 커지게 됩니다.

달러	1	2	3	4	⋯
유로	0.85	1.6	2.35	3.1	⋯

+ 0.75   + 0.75   + 0.75

달러에 0.75를 곱해보면 다음과 같이 유로보다 0.1씩 작은 수가 나오게 됩니다.

유로	0.85	1.6	2.35	3.1	⋯
달러 × 0.75	0.75	1.5	2.25	3	⋯

따라서 달러와 유로의 관계식은 다음과 같습니다.

유로 = (달러 × 0.75) + 0.1

Step 3 무우가 환전소에 내는 금액은 35000원과 9.6달러이므로 환전받을 수 있는 유로는
다음과 같습니다.

(35000 ÷ 2000) + 0.3 = 17.8

(9.6 × 0.75) + 0.1 = 7.3

17.8 + 7.3 = 25.1 유로

정답 : 유로 = (원 ÷ 2000) + 0.3 / 유로 = (달러 × 0.75) + 0.1 / 25.1유로

확인하기

아래의 표를 보고 ☆와 ★의 관계식을 구하세요.

☆	3	4	5	6	⋯
★	10	16	22	28	⋯

[정답] 260

[풀이 과정]

① △△ = 4와 □△ = 6 에서 도형을 옆으로 나란히 적으면 각 도형이 뜻하는 수를 더하는 것을 알 수 있고 △ = 2, □ = 4 임을 알 수 있습니다. 곱하는 것으로 △ = 2, □ = 3 으로 생각할 수도 있지만 이는 <보기>의 나머지 조건을 만족시키는 규칙을 찾지 못합니다.

② ▵ = 16, ▫ = 256 에서 바깥에 있는 도형이 뜻하는 수를 안에 있는 도형이 뜻하는 수 만큼 제곱을 한 다는 것을 알 수 있습니다. (▵ = 4^2 = 16, ▫ = 4^4 = 256)

③ 위의 규칙에 따라 △△ = 4^4 = 256, △ = 2^2 = 4입니다. 따라서 △△ △ = 256 + 4 = 260입니다. (정답)

[정답] 규칙 = 직선으로만 이루어진 알파벳은 그룹 1, 곡선이 포함된 알파벳은 그룹 2 / 그룹 2

[풀이 과정]

① 그룹 1과 그룹 2에 포함된 알파벳들을 보면 그룹 1에 있는 알파벳은 직선으로만 이루어진 알파벳들을 모아놓은 그룹이고 그룹 2는 곡선을 포함한 알파벳을 모아놓은 그룹입니다.

그룹 1	A, E, F, H, I, K, L, M, N, T, V, W, X, Y, Z
그룹 2	C, D, G, J, O, P, Q, R, S, U

② 따라서 B의 경우 곡선을 포함한 알파벳이므로 그룹 1이 아닌 그룹 2로 포함되어야 합니다. (정답)

[정답] 1

[풀이 과정]

① <보기> 는 ( ) 안의 수를 그 수 자신을 제외한 약수의 합으로 표현하는 규칙을 가지고 있습니다.

2 : 자신을 제외한 약수 1 → (2) = 1
6 : 자신을 제외한 약수 1, 2, 3 → (6) = 1 + 2 + 3 = 6
9 : 자신을 제외한 약수 1, 3 → (9) = 1 + 3 = 4
8 : 자신을 제외한 약수 1, 2, 4 → (8) = 1 + 2 + 4 = 7

② 32의 자신을 제외한 약수는 1, 2, 4, 8, 16입니다.
따라서 (32) = 1 + 2 + 4 + 8 + 16 = 31입니다.
31의 자신을 제외한 약수는 1입니다.
따라서 ((32)) = (31) = 1입니다. (정답)

[정답] 정답 : A = 3, B = 4

[풀이 과정]

① 먼저 가로, 세로줄에서 4개의 수가 모두 완전하게 넣어져 있는 줄을 찾으면 다음과 같습니다.
(1, 2, 3, 6), (6, 3, 6, 3), (2, 3, 4, 6), (2, 3, 2, 3)
이들은 모두 가운데 두 수의 곱과 끝 두 수의 곱이 같습니다.

② 따라서 (1, 2, 2, B), (B, 6, 2, 3), (3, 2, A, 2), (2, 4, A, 6) 이 이 규칙을 만족하기 위해서는 A = 3, B = 4가 들어가야 합니다.

1	2	2	4
2	3	4	6
3	2	3	2
6	3	6	3

[정답] 5, 6

[풀이 과정]

① <보기>의 알고리즘 상자는 두 개의 수를 입력하면 '두 수를 곱한 값의 십의 자리 수와 일의 자리 수의 차이를 제곱한 수'를 출력하는 규칙을 가지고 있습니다.
8, 4를 입력 → 8 × 4 = 32, 3 - 2 = 1 → 1^2 = 1
4, 5를 입력 → 4 × 5 = 20, 2 - 0 = 2 → 2^2 = 4
2, 6을 입력 → 2 × 8 = 16, 6 - 1 = 5 → 5^2 = 25

② 이 규칙에 따라 5, A를 입력하면 5 × A의 십의 자리 수와 일의 자리 수의 차이를 제곱했을 때 9가 나와야 합니다.
따라서 5 × A의 십의 자리 수와 일의 자리 수의 차이는 3이 나와야 합니다.
A 에 1 ~ 9까지의 수를 대입했을 때, 십의 자리 수와 일의 자리 수의 차이가 3이 되는 경우는 A = 5, 6 일 때입니다.
5, 5를 입력 → 5 × 5 = 25, 5 - 2 = 3 → 3^2 = 9
5, 6을 입력 → 5 × 6 = 30, 3 - 0 = 3 → 3^2 = 9

③ 따라서 A에는 5 또는 6이 들어갈 수 있습니다. (정답)

연습문제 07 ·········· P. 36

[정답] 풀이과정 참조

[풀이 과정]

① <보기>의 규칙은 각 도형을 도형의 변의 갯수와 도형이 나누어진 부분의 갯수를 앞, 뒤로 적은 수로 표현하는 것입니다.

□ = 변의 갯수 4개, 나누어진 부분의 갯수 1개 → 41

△ = 변의 갯수 3개, 나누어진 부분의 갯수 2개 → 32

⬠ = 변의 갯수 5개, 나누어진 부분의 갯수 3개 → 53

② 따라서 이 규칙에 따라 도형을 수로 나타냈을 때 75가 되기 위해선 도형의 변의 갯수는 7개, 나누어진 부분의 갯수는 5개가 되어야 합니다. 이러한 도형은 아래와 같이 그릴 수 있습니다. (정답)

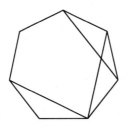

연습문제 08 ·········· P. 36

[정답] 011000100111001

[풀이 과정]

① 직사각형 모양의 종이를 왼쪽으로 1번 집고 펼치면 아래의 그림과 같이 아래로 접힌 점선만 1개 나타나게 됩니다. 따라서 이를 숫자로 표기하면 0입니다.

▲ 1번 접은 모습

② 직사각형 모양의 종이를 왼쪽으로 1번, 오른쪽으로 1번 접고 펼치면 아래의 그림과 같이 점선 2개와 실선 1개가 나타나게 됩니다. 이를 숫자로 표기하면 001 입니다.

▲ 2번 접은 모습

③ 직사각형 모양의 종이를 왼쪽으로 1번, 오른쪽으로 1번, 왼쪽으로 1번 접고 펼치면 아래의 그림과 같이 1000110이 됩니다.

▲ 3번 접은 모습

④ 이러한 모습을 숫자로 나타낼 때 나타나는 규칙은 항상 가운데 수는 0이라는 것과
가운데 0의 왼쪽의 수는 이전 단계를 수로 나타낸 것을 거꾸로 나열한 것과 같다는
것입니다. 가운데 0의 오른쪽 수는 왼쪽에 들어간 수의 대칭의 반대입니다.

⑤ 따라서 3번 접은 모습을 수로 나타낸 것이 1000110이므로 직사각형 모양의 종이를 왼쪽부터 시작해서 왼쪽과 오른쪽으로 번갈아 1번씩 총 4번을 접었다가 펼친 모양을 수로 나타내면 다음과 같습니다.
→ 011000100111001 (정답)

연습문제 09 ·········· P. 37

[정답] ㉠ = 7, ㉡ = 9, ㉢ = 2

[풀이 과정]

① 층이 한 단계씩 높아질수록 숫자가 하나씩 사라지면서 순서를 거꾸로 나열하는 것을 알 수 있습니다.

② 없어지는 수를 차례대로 나열하면 1, 8, 3, 4입니다. 수가 없어지는 규칙은 홀수번째에 사라지는 수는 해당 층에 있는 홀수 중 가장 작은 수, 짝수번째에 사라지는 수는 해당 층에 있는 짝수 중 가장 큰 수라고 생각할 수 있습니다.

③ 이 규칙으로 다섯번째에 없어지는 수는 해당 층에 있는 5, 2, 9, 7 중 가장 작은 홀수인 5입니다.

④ 따라서 여섯번째 층에 들어갈 수는 5가 사라지면서 수를 뒤집은 792가 됩니다. (정답)

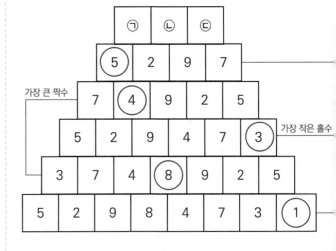

연습문제 **10** ························ P. 37

[정답] 풀이과정 참조

[풀이 과정]

① ◯ = 5, ⊚ = 15 에서 ◯(큰원) = 10 임을 알 수 있습니다.

② ◯ = 5, ⊖ = 6 에서 ─ = 1 임을 알 수 있습니다.

③ ∟ = 2, ⊥ = 3입니다.

④ 따라서 이 규칙으로 18, 4, 10을 나타내면 다음과 같습니다.

㉠ ⊕(원안에 십자) = 18, ㉡ ╪ = 4 , ㉢ ◯(큰원) = 10

심화문제 **01** ························ P. 38

[정답] 4 또는 8

[풀이 과정]

① 아래와 같은 2가지 규칙이 있습니다.

② 규칙 1
(A 와 C 의 차) × (B 와 D 의 차)의 일의 자리 수를 ㉠에 적는 규칙이 규칙에 따르면
A = 9, B = 9, C = 1, D = 8 일 때,
㉠은 (9 − 1) × (9 − 8) = 8의 일의 자리 수인 8이 됩니다.

③ 규칙 2
(A × B)를 (C 와 D 의 차)로 나누었을 때의 나머지를 ㉠에 적는 규칙이 규칙에 따르면 A = 9, B = 9, C = 1, D = 8 일 때,
㉠은 (9 × 9)를 (1과 8의 차인 7)로 나누었을 때의 나머지이므로 81을 7로 나누었을 때의 나머지인 4가 됩니다.

A	B
㉠	
C	D

심화문제 **02** ························ P. 39

[정답] 3

[풀이 과정]

① <보기>의 규칙은 삼각형의 세 꼭지점에 적혀있는 A, B, C 에서 2개의 수의 차이인 (A 와 B의 차), (B 와 C 의 차), (C 와 A의 차)를 계산했을 때, 이 3개의 수 중 소수의 갯수를 ㉠에 넣는 것입니다.

② 따라서 A = 7, B = 2, C = 5 일 때, (7과 2의 차인 5), (2와 5의 차인 3), (5와 7의 차인 2)중 소수의 갯수인 3이 ㉠이 됩니다.

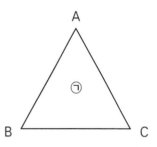

심화문제 **03** ························ P. 40

[정답] ☐◯

[풀이 과정]

① <보기>의 (1), (2), (3)은 다음과 같은 규칙을 가지고 있습니다.
'첫번째 상자와 두번째 상자에 붙어 있는 원을 더하거나 빼면 세번째 상자에 붙어 있는 원의 개수가 됩니다. 두번째 상자에서 원이 내부에 있으면 빼고 외부에 있으면 더합니다.'
(1) (첫번째 상자의 외부에 있는 원의 갯수 = 3개) − (두번째 상자의 내부에 있는 원의 갯수 = 2개) = 상자의 외부에 있는 원의 갯수 1개
(2) (첫번째 상자의 외부에 있는 원의 갯수 = 3개) + (두번째 상자의 외부에 있는 원의 갯수 = 1개) = 상자의 외부에 있는 원의 갯수 4개
(3) (첫번째 상자의 외부에 있는 원의 개수 = 2개) − (두번째 상자의 외부에 있는 원의 개수 = 2개) = 상자의 외부에 있는 원의 갯수 0개

② 따라서 이 규칙으로 (4)을 확인해보면 다음과 같습니다.
(4) (첫번째 상자의 외부에 있는 원의 갯수 = 1개) − (두번째 상자의 내부에 있는 원의 갯수 = 2개) = 상자의 내부에 있는 원의 갯수 1개

③ 따라서 ? 에 들어갈 도형은 ☐◯ 입니다. (정답)

③ 정답 및 풀이

심화문제 04 .... **P. 41**

[정답] A = 37, B = 3, C = 4

[풀이 과정]

① 규칙 (1) 은 입력한 수를 (× 2) 한 후 (+ 1) 한 수를 출력해주는 규칙입니다.

2 : 2 × 2 + 1 = 5
5 : 5 × 2 + 1 = 11
4 : 4 × 2 + 1 = 9

입력	규칙 (1)	출력
2		5
5	→	11
4		9

② 규칙 (2) 는 입력한 수의 각 자리 수를 곱한 결괏값의 각 자리 수를 더한값을 출력해주는 규칙입니다.

12 : 1 × 2 = 2 → 2
27 : 2 × 7 = 14 → 1 + 4 = 5
53 : 5 × 3 = 15 → 1 + 5 = 6

입력	규칙 (2)	출력
12		2
27	→	5
53		6

③ 규칙 (3) 은 입력한 수의 모든 약수의 합을 출력해주는 규칙입니다.

2 : 2의 약수 1, 2 → 1 + 2 = 3
6 : 6의 약수 1, 2, 3, 6 → 1 + 2 + 3 + 6 = 12
8 : 8의 약수 1, 2, 4, 8 → 1 + 2 + 4 + 8 = 15

입력	규칙 (3)	출력
2		3
6	→	12
8		15

④ 따라서 이 규칙에 따라 계산하면 다음과 같습니다.

규칙 (1) : 18 입력 → 18 × 2 + 1 = 37 출력
규칙 (2) : 37 입력 → 3 × 7 = 21 → 2 + 1 = 3 출력
규칙 (3) : 3 입력 → 3의 약수 1, 3 → 1 + 3 = 4 출력

⑤ 따라서 A = 37, B = 3, C = 4입니다. (정답)

입력	규칙	출력
18	(1)	A
A	(2)	B
B	(3)	C

창의적문제해결수학 01 .... **P. 42**

[정답] 66

[풀이 과정]

① A_1 (1, 1) 에서 시작해서 <보기>의 규칙에 따라 점이 움직이면 다음과 같습니다.

A_1 (1, 1), A_2 (3, 2), A_3 (6, 4), A_4 (8, 5), A_5 (11, 7), …

② 규칙을 찾으면 2단계가 지날 때마다 x 좌표는 5씩 올라가고 y 좌표는 3씩 올라가는 것을 알 수 있습니다.

③ 따라서 A_n 의 y 좌표가 40이 되려면 1 + 3 × 13 = 40이고 2단계씩 지나갈 때 이렇게 변하는 것이므로 A_1에서 2 × 13 = 26단계만큼 지나야 합니다.

④ 따라서 y 좌표가 40인 A_n 은 A_{27}이고, A_{27}의 x 좌표는 1 + 5 × 13 = 66입니다. (정답)

창의적문제해결수학 02 .... **P. 43**

[정답] 13, 36, 46, 51, 112

[풀이 과정]

① 이 계산기의 ◎버튼의 규칙은 다음과 같습니다.
'홀수를 누르고 ◎버튼을 누르면 (+ 5)를 하고 짝수를 누르고 ◎버튼을 누르면 (÷ 2)를 한다'

3◎ → 3은 홀수이므로 3 + 5 = 8이 됩니다.
6◎ → 6은 짝수이므로 6 ÷ 2 = 3이 됩니다.
11◎◎ → 11은 홀수이므로 11◎ = 11 + 5 = 16입니다.
16은 짝수이므로 16◎ = 16 ÷ 2 = 8입니다.
10◎◎ → 10은 짝수이므로 10◎ = 10 ÷ 2 = 5입니다.
5는 홀수이므로 5◎ = 5 + 5 = 10입니다.

② A◎◎◎◎이 7이 되는 A를 구하는 방법은 다음과 같습니다.
(a) A◎◎◎◎ = 7이므로 A◎◎◎ = 14 또는 2가 되어야 합니다. 하지만 2는 짝수이므로 2◎ = 1이 됩니다.
따라서 A◎◎◎ = 14가 되어야 합니다.
(b) A◎◎◎ = 14이므로 A◎◎ = 28 또는 9가 되어야 합니다.
ⓐ A◎◎ = 28인 경우
A◎ = 56 또는 23이 되어야 합니다.
 i. A◎ = 56인 경우에는 A는 112 또는 51입니다.
→ A = 112, 51
 ii. A◎ = 23인 경우에는 A = 46 또는 18이 되어야 하지만 18은 짝수이므로 18◎ = 9가 됩니다. 따라서 A = 46입니다. → A = 46
ⓑ A◎◎ = 9인 경우
A◎ = 18 또는 4가 되어야 합니다. 하지만 4는 짝수이므로 4◎ = 2가 됩니다. 따라서 A◎ = 18입니다.
 i. A◎ = 18인 경우 A = 36 또는 13입니다.
A = 13, 36

③ 따라서 모든 경우를 따져봤을 때 A◎◎◎◎ = 7이 되는 A 는 13, 36, 46, 51, 112입니다. (정답)

3. 여러 가지 수열

대표문제 1 확인하기 ········· P. 49

[정답] 64가지

[풀이 과정]

① 한 번에 최대 2칸까지 사다리를 오르내릴 수 있으므로 5칸의 사다리를 올라가는 방법은 다음과 같습니다.
(5칸의 사다리를 올라가는 방법의 개수)
= (3칸의 사다리를 올라가는 방법의 개수) + (4칸의 사다리를 올라가는 방법의 개수) = 3 + 5 = 8

② (5칸의 사다리를 올라가는 방법의 개수) = (5칸의 사다리를 내려가는 방법의 개수) = 8이므로 이 사다리를 올라갔다 내려오는 방법의 개수는 8 × 8 = 64가지입니다.

대표문제 2 확인하기 ········· P. 51

[정답] 49개

[풀이 과정]

① 자르는 횟수가 늘어날 때, 나누어지는 조각의 개수는 아래와 같이 변합니다.

 → 자르는 횟수 1번,
나누어진 조각의 개수 : 1 + (6 × 1) = 7개

→ 자르는 횟수 2번,
나누어진 조각의 개수 : 1 + (6 × 2) = 13개

→ 자르는 횟수 3번,
나누어진 조각의 개수 : 1 + (6 × 3) = 19개

② 위에서 자르는 횟수가 1번 늘어날 수록 나누어진 조각의 개수는 6개씩 늘어난다는 것을 알 수 있습니다. 따라서 8번 자른다면 나누어진 조각의 개수는 1 + (6 × 8) = 49개입니다.

연습문제 01 ········· P. 52

[정답] 365

[풀이 과정]

① 1   2   5   14   41   122
   $\quad$ + 1 + 3 + 9 + 27 + 81

② 이 수열은 더해지는 수가 1, 3^1, 3^2, 3^3, 3^4, ⋯ 과 같이 늘어나는 수열입니다.

③ 따라서 122 다음에는 3^5 = 243이 더해져야 하는 차례이므로 A 는 122 + 243 = 365입니다. (정답)

연습문제 02 ········· P. 52

[정답] 짝수

[풀이 과정]

① 3, 5, 8, 13, 21, 34, 55, 89, 144, ⋯ 와 같이 적힌 수열은 앞의 두 수의 합이 그 다음 수가 되는 규칙을 가지고 있습니다. 따라서 이 수열은 (홀수, 홀수, 짝수) 가 반복됩니다. 이렇게 세 개의 수씩 나누어서 생각하면 (홀수 + 홀수 + 짝수 = 짝수) 이므로 이 세 개의 수의 합은 짝수입니다.

② 50 = 3 × 16 + 2 이므로 첫번째 수부터 48번째 수까지의 합은 (짝수 × 16) = 짝수이고 49번째 수와 50번째 수는 모두 홀수이므로 합은 짝수가 됩니다.

③ 따라서 이 수열의 첫번째 수부터 50번째 수까지의 합은 짝수입니다. (정답)

연습문제 03 ········· P. 52

[정답] 7

[풀이 과정]

① 수열 A를 나열해보면 다음과 같습니다.
1, 7, 1, 3, 7, 9, 3, 9, 1, 7, 1, 3, 7, 9, 3, 9, 1, ⋯

② 따라서 이 수열 A 는 (1, 7, 1, 3, 7, 9, 3, 9) 이 8개의 숫자가 반복되는 수열이라는 것을 알 수 있습니다.

③ 77 = 8 × 9 + 5 이므로 이 수열 A 에서 77번째 수는 반복되는 8개의 숫자 중 5번째 숫자인 7입니다. (정답)

연습문제 04 .... P. 53

[정답] 74

[풀이 과정]

① 이 수열의 수들을 차이가 4인 부분으로 나누면 다음과 같습니다.

(2) (6, 8) (12, 14, 16) (20, 22, 24, 26) …

이 수열은 이와 같이 군으로 묶을 수 있는 특징을 가지고 있습니다.

1군 = (2) , 2군 = (6, 8) , 3군 = (12, 14, 16) , 4군 = (20, 22, 24, 26) , ….

② 군에 속한 수의 갯수는 1개씩 늘어갑니다.

$1 + 2 + 3 + 4 + 5 + 6 + 7 = 28$이므로 이 수열의 30번째 수는 8군의 두번째 수입니다.

③ 각 군의 첫번째 수를 나열하면 2, 6, 12, 20, …입니다.

$2 = 1 \times 2$, $6 = 2 \times 3$, $12 = 3 \times 4$, $20 = 4 \times 5$입니다.

따라서 이 규칙에 따라 8군의 첫번째 수는 $8 \times 9 = 72$입니다.

④ 따라서 이 수열의 30번째 수는 8군의 두번째 수이므로 $72 + 2 = 74$입니다. (정답)

연습문제 05 .... P. 53

[정답] 609

[풀이 과정]

① 2번째 수 까지의 합 : $1 + 1 = 2 = $ (4번째 수 − 1)

3번째 수 까지의 합 : $1 + 1 + 2 = 4 = $ (5번째 수 − 1)

수들의 합이 위와 같은 규칙을 가지므로 (n번째 수 까지의 합) = ((n + 2)번째 수 − 1)입니다.

② 따라서 13번째 수 까지의 합은 (15번째 수 − 1) 이므로 $610 - 1 = 609$입니다. (정답)

연습문제 06 .... P. 53

[정답] 2

[풀이 과정]

① 1부터 시작해서 시계 방향으로 4칸씩 건너뛰면서 숫자들을 기록하면 다음과 같은 수열이 됩니다.

1, 5, 9, 13, 2, 6, 10, 14, 3, 7, 11, 15, 4, 8, 12, 1, 5, …

따라서 이 수열은 (1, 5, 9, 13, 2, 6, 10, 14, 3, 7, 11, 15, 4, 8, 12) 15개 수가 반복되는 수열입니다.

② $50 = 15 \times 3 + 5$ 이므로 이 수열의 50번째 수는 반복되는 15개의 수 중 5번째 수인 2입니다. (정답)

연습문제 07 .... P. 54

[정답] 233가지

[풀이 과정]

① 각 자연수를 홀수의 합으로 표현하는 방법을 찾아보면 다음과 같습니다.

1을 홀수의 합으로 나타내는 방법 : (1) → 1가지

2를 홀수의 합으로 나타내는 방법 : (1, 1) → 1가지

3을 홀수의 합으로 나타내는 방법 : (1, 1, 1) (3) → 2가지

4를 홀수의 합으로 나타내는 방법 : (1, 1, 1, 1) (1, 3) (3, 1) → 3가지

5를 홀수의 합으로 나타내는 방법 : (1, 1, 1, 1, 1) (1, 1, 3) (1, 3, 1) (3, 1, 1) (5) → 5가지

따라서 표현하는 방법의 개수는 피보나치 수열의 규칙과 같게 늘어나는 것을 알 수 있습니다.

② 13을 홀수의 합으로 표현하는 방법의 개수는 피보나치 수열의 13번째 수입니다.

1, 1, 2, 3, 5, 8, 13, 21, 34, 55, 89, 144, 233, 377, …

③ 따라서 13을 홀수의 합으로 표현하는 방법의 개수는 233가지입니다. (정답)

연습문제 08 .... P. 54

[정답] $\dfrac{5}{6}$

[풀이 과정]

① 이 수열의 각 숫자를 역수로 적으면 다음과 같은 수열이 됩니다.

$$\frac{1}{4} , \frac{2}{4} , \frac{3}{4} , \frac{4}{4} , \frac{5}{4} , \frac{6}{4} , \frac{7}{4} \cdots$$

이 수열은 각 수를 뒤집으면 수가 $\dfrac{1}{4}$ 씩 증가하는 규칙을 가지고 있습니다.

따라서 8번째 수와 12번째 수의 역수는 $\dfrac{8}{4}$, $\dfrac{12}{4}$ 이므로 8번째 수는 $\dfrac{4}{8} = \dfrac{1}{2}$, 12번째 수는 $\dfrac{4}{12} = \dfrac{1}{3}$ 입니다.

② 따라서 8번째 수와 12번째 수의 합은 $\dfrac{1}{2} + \dfrac{1}{3} = \dfrac{5}{6}$ 입니다. (정답)

[정답] 126

[풀이 과정]

① 수들을 아래와 같이 나누어서 생각해봅니다.
(1) (2, 3, 4, 5, 6, 7, 8, 9) (10, 11, 12, 13, 14, 15, 16, 17, 18, 19, 20, 21, 22, 23, 24, 25) (26, ….) , ….

② 나누어진 수들을 1군, 2군, 3군, 4군, … 이라고 생각하면 1로부터 오른쪽으로 6칸, 위쪽으로 4칸에 있는 수는 7군에 있는 수라고 생각할 수 있습니다.

③ 각 군의 첫번째 수를 나열하면 다음과 같습니다.
1, 2, 10, 26, …
$2 = 1 + 1^2$, $10 = 1 + 3^2$, $26 = 1 + 5^2$
이므로 7군의 첫번째 수는 $1 + 11^2 = 122$입니다.

④ 따라서 1로부터 오른쪽으로 6칸, 위쪽으로 4칸에 있는 수는 122 + 4 = 126입니다. (정답)

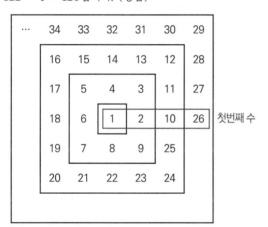

첫번째 수

[정답] 7

[풀이 과정]

① 이 수열은 앞의 두 수를 더한 수의 일의 자리만을 나열한 수열입니다.
이 수열을 계속 나열해보면 다음과 같습니다.
1, 3, 4, 7, 1, 8, 9, 7, 6, 3, 9, 2, 1, 3, 4, 7, ….

② 이 수열은 (1, 3, 4, 7, 1, 8, 9, 7, 6, 3, 9, 2) 12개의 수가 반복되는 수열입니다.

③ 2020 = 12 × 168 + 4 이므로 이 수열의 2020번째 수는 이 12개의 반복되는 수 중 4번째 수인 7입니다. (정답)

[정답] 274가지

[풀이 과정]

① 한 번에 최대 3칸의 계단을 올라갈 수 있을 때, 각 계단의 개수를 올라가는 방법의 개수는 다음과 같습니다.
1개의 계단을 올라가는 방법 : (1) → 1가지
2개의 계단을 올라가는 방법 : (1, 1) (2) → 2가지
3개의 계단을 올라가는 방법 : (1, 1, 1) (1, 2) (2, 1) (3) → 4가지
4개의 계단을 올라가는 방법 : (1, 1, 1, 1) (1, 1, 2) (1, 2, 1) (2, 1, 1) (1, 3) (3, 1) (2, 2) → 7 가지
5개의 계단을 올라가는 방법 : (1, 1, 1, 1, 1) (1, 1, 1, 2) (1, 1, 2, 1) (1, 2, 1, 1) (2, 1, 1, 1) (1, 1, 3) (1, 3, 1) (3, 1, 1,) (1, 2, 2) (2, 1, 2) (2, 2, 1) (2, 3) (3, 2) → 13가지

② 각 계단의 개수를 올라가는 방법의 개수는 앞의 세 수를 더한 값이 되는 것을 확인할 수 있습니다.
따라서 이 수열을 나열하면 다음과 같습니다.
1, 2, 4, 7, 13, 24, 44, 81, 149, 274, …

③ 한 번에 최대 3칸의 계단을 올라갈 수 있을 때, 10개의 계단을 올라가는 방법의 개수는 274가지입니다. (정답)

[정답] 풀이과정 참고

[풀이 과정]

① <보기>에 주어진 수열은 피보나치 수열을 홀수번째 수만 적은 수열입니다. 두 수의 차이를 적어보면 다음과 같습니다.
1   2   5   13   34   89 , …
+ 1   + 3   + 8   + 21   + 55

② 이 수열에서 n번째 수까지 더한 값은 아래와 같이 피보나치 수열에서 n번째 홀수 항의 바로 다음 짝수 항의 수라는 것을 알 수 있습니다.
1 + 2 = 3
1 + 2 + 5 = 8
1 + 2 + 5 + 13 = 21
1 + 2 + 5 + 13 + 34 = 55

③ 따라서 이 수열의 10번째 수까지의 합은 피보나치 수열에서 1, 3, 5, 7, … , 17, 19번째 수의 합을 의미하고 이 수들의 합은 ②에서 찾은 규칙에 따라 피보나치 수열의 20번째 수가 됩니다.

④ 따라서 <보기>의 수열의 10번째 수까지의 합은 피보나치 수열의 20번째 수인 6765입니다. (정답)

[정답] 위에서 10번째 줄, 왼쪽에서 9번째 줄

[풀이 과정]

① 각 수들을 아래와 같이 분리해서 군으로 묶어 생각해봅니다.

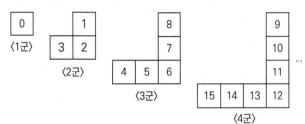

② 각 군의 속해 있는 숫자는 2개씩 늘어난다는 것을 알 수 있습니다.
또한 짝수 군의 경우 아래와 같이 1, 3, 5의 제곱부터 시작되는 수들이고
〈2군〉 = (1, 2, 3), 〈4군〉 = (9, 10, 11, 12, 13, 14, 15),
〈6군〉 = (25, 26, ···, 35), ···
홀수 군의 경우 아래와 같이 0, 2, 4의 제곱부터 시작되는 수들입니다.
〈1군〉 = (0), 〈3군〉 = (4, 5, 6, 7, 8), 〈5군〉 = (16, 17, ···, 24), ···

③ 91의 경우 $9^2 = 81$ 보다 크고 $10^2 = 100$ 보다 작은 수이므로 81부터 시작되는 군에 속해있는 수입니다. $9^2 = 81$ 부터 시작되는 수는 〈10군〉입니다.

④ 10군을 나타내면 아래의 그림과 같습니다.
따라서 91은 위에서 10번째, 왼쪽에서 9번째 줄에 있는 수입니다. (정답)

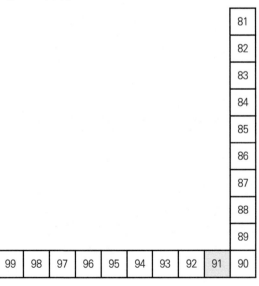

〈10군〉

[정답] 1111

[풀이 과정]

① 〈보기〉의 수들은 15를 15 진법, 14 진법, ···, 3 진법 으로 각각 나타낸 수들입니다.
$15 = 10_{(15)}$, $15 = 11_{(14)}$, $15 = 12_{(13)}$, $15 = 13_{(12)}$,
··· , $15 = 120_{(3)}$

② 따라서 A 는 15를 2 진법으로 나타낸 수가 와야합니다.
15를 2 진법으로 나타내는 방법은 다음과 같습니다.
$15 = 1 \times 2^3 + 1 \times 2^2 + 1 \times 2^1 + 1 \times 2^0 = 1111_{(2)}$

③ 따라서 A = 1111입니다. (정답)

[정답] 485번째 수

[풀이 과정]

① 〈보기〉의 수들을 아래와 같이 군으로 묶어서 생각해봅니다.

$$\left(\frac{1}{1} \right) \quad \left(\frac{2}{1} \ \frac{1}{2} \right) \quad \left(\frac{3}{1} \ \frac{2}{2} \ \frac{1}{3} \right) \quad \left(\frac{4}{1} \ \frac{3}{2} \ \cdots \right)$$
〈1군〉 〈2군〉 〈3군〉 〈4군〉

② 〈1군〉은 분모와 분자의 합이 2인 분수, 〈2군〉은 분모와 분자의 합이 3인 분수, 〈3군〉은 분모와 분자의 합이 4인 분수들입니다. 또한 각 군에 있는 분수의 분모는 1부터 시작해서 1씩 커지는 규칙이 있고 각 군에 포함되는 분수의 개수는 1개씩 많아집니다.

③ 약분해서 $\frac{3}{5}$ 이 되는 분수 중 4번째로 나오는 분수는 $\frac{12}{20}$ 입니다. 이는 분모와 분자의 합이 32인 분수이고 분모가 20인 분수이므로 〈31군〉에 포함되는 분수 중 20번째 수입니다.

④ 〈30군〉까지 총 분수의 개수는 1 + 2 + 3 + ··· + 29 + 30 = 465개입니다.
$\frac{12}{20}$ 는 〈31군〉의 20번째 수이므로 이 수열에서 465 + 20 = 485번째 수입니다. (정답)

[정답] 40

[풀이 과정]

① 이 수들은 각 자리 수를 제곱해서 합한 값을 다음에 올 수로 적으면서 순환되고 있습니다.

$3^2 + 7^2 = 58$ → $5^2 + 8^2 = 89$
→ $8^2 + 9^2 = 145$ → $1^2 + 4^2 + 5^2 = 42$

② 이 규칙에 따라 A 는 42 의 각 자리 수를 제곱해서 합한 값이 됩니다.
  $A = 4^2 + 2^2 = 20$

③ B 는 A 의 각 자리 수를 제곱해서 합한 값입니다.
  $B = 2^2 + 0^2 = 4$

④ C 는 B 의 각 자리 수를 제곱해서 합한 값입니다.
  $C = 4^2 = 16$

⑤ 따라서 A, B, C 를 합한 값은 20 + 4 + 16 = 40 입니다. (정답)

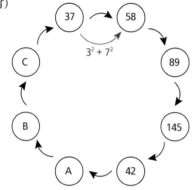

창의적문제해결수학 02 .... P. 61

[정답] 89가지

[풀이 과정]

① 세로는 10cm로 고정시키고 가로로 5cm 씩 늘려가면서 규칙을 찾아보도록 합니다.
  홈이 가로 5 cm, 세로 10cm 일 때, 이 홈을 벽돌로 채우는 방법은 1 가지 입니다. →□
  홈이 가로 10cm, 세로 10cm 일 때, 이 홈을 벽돌로 채우는 방법은 2가지입니다. →⊟▯
  그 다음부터는 가로가 5cm 늘어날 때마다 바로 이전의 방법의 오른쪽에 ▯를 붙이거나 2번째 이전의 방법의 오른쪽에 ⊟를 붙여서 찾으면 다음과 같이 모든 경우를 찾을 수 있습니다.

가로의 길이	채우는 방법	개수
5cm	▯	1가지
10cm	⊟ ▯▯	2가지
15cm	▯▯▯ ⊟▯ ▯⊟	3가지
20cm	▯▯▯▯ ⊟▯▯ ▯⊟▯ ▯▯⊟ ⊟⊟	5가지
25cm	▯▯▯▯▯ ⊟▯▯▯ ▯⊟▯▯ ▯▯⊟▯ ▯▯▯⊟ ⊟⊟▯ ⊟▯⊟ ▯⊟⊟	8가지
⋮		⋮

② 위의 표에서 가로가 5 cm 씩 늘어날수록 채우는 방법의 개수가 피보나치 수열과 같이 늘어난다는 것을 알 수 있습니다. 따라서 가로가 50 cm 일 때 채우는 방법의 개수는 피보나치 수열의 11 번째 항인 89가지입니다. (정답)

4. 연산 기호 규칙

대표문제 1 확인하기 .... P. 67

[정답] ★ = (6 × ☆) − 8

[풀이 과정]

① ☆ 이 1 씩 커질 때, ★ 은 6씩 커지는 것을 확인할 수 있습니다.
  ☆에 6을 곱해보면 아래의 표와 같이 ★보다 8씩 큰 수가 됩니다.

☆ × 6	18	24	30	36	⋯
★	10	16	22	28	⋯

② 따라서 ☆과 ★의 관계식은 다음과 같습니다.
  ★ = (6 × ☆) − 8

대표문제 2 확인하기 .... P. 69

[정답] A ▲ B = (2 × B) − A

[풀이 과정]

① 연산기호 ▲ 는 뒤의 수에 2를 곱한 후 앞의 수를 빼준 값을 결과값으로 나타내주는 규칙을 가지고 있습니다.
  3 ▲ 5 = 5 × 2 − 3 = 7
  1 ▲ 7 = 7 × 2 − 1 = 13

② 뒤의 수에 먼저 2를 곱한 후 앞의 수를 빼준 값은 연산 결과값과 같게 됩니다. 따라서 연산기호 ▲ 의 연산규칙을 사칙연산 식으로 나타내면 다음과 같습니다.
  A ▲ B = (2 × B) − A

연습문제 01 ························· P. 70

[정답] 43, 44

[풀이 과정]

① ○ 가 홀수일 때

○가 1, 3, 5, .. 로 2씩 증가할 때마다 ◎도
4, 6, 8, .. 로 2씩 증가합니다. 따라서 ○가 홀수
일 때 ○와 ◎의 관계식은 다음과 같습니다.

◎ = ○ + 3

따라서 ○가 홀수일 때 ○ + ◎ = 89가 되는 ○는

○ = 43 입니다.

② ◎가 짝수일 때

○가 2, 4, 6, .. 로 2씩 증가할 때마다 ◎도 3, 5, 7, .. 로 2씩
증가합니다. 따라서 ○가 짝수일 때 ○와 ◎의 관계식은
다음과 같습니다.

◎ = ○ + 1

따라서 ○가 짝수일 때 ○ + ◎ = 89 가 되는 ○ 는

○ = 44 입니다.

○	1	2	3	4	5	6	···
◎	4	3	6	5	8	7	···

연습문제 02 ························· P. 70

[정답] 5

[풀이 과정]

① 5◆C = X 라고 하면 X◆2 = 107 입니다.

(X + 2) + (X × 2) = 107 이므로 X = 35입니다.

② 5◆C = 35 이므로 식은 다음과 같습니다.

(5 + C) + (5 × C) = 35 이므로 C = 5입니다. (정답)

연습문제 03 ························· P. 70

[정답] 2개

[풀이 과정]

① 연산기호 ■ 은 큰 수의 제곱을 작은 수로 나눴을 때의 나머
지를 결괏값으로 나타내주는 규칙을 가지고 있습니다.

5 ■ 7 : 7^2 = 49를 5로 나눈 나머지인 4가 결괏값

10 ■ 8 : 10^2 = 100을 8로 나눈 나머지인 4가 결괏값

9 ■ 13 : 13^2 = 169를 9로 나눈 나머지인 7이 결괏값

5 ■ 2 : 5^2 = 25를 2로 나눈 나머지인 1이 결괏값

② A가 17 보다 작은 경우

A = 1, 2, 3, ···, 15, 16이 됩니다.

이 중 17^2 = 289를 나누었을 때 나머지가 3인 수는 다음과
같습니다.

A = 11, 13

③ A가 17 보다 크고 24 보다 작은 경우

A = 18, 19, 20, 21, 22, 23, 24

이 중 제곱을 해서 17로 나누었을 때 나머지가 3인 수는 없습
니다.

④ 따라서 A ■ 17 = 3을 만족하는 25 보다 작은 A의 개수는 2
개입니다. (정답)

연습문제 04 ························· P. 71

[정답] 16

[풀이 과정]

① 연산기호 ♤ 는 앞의 수에 2를 곱한 후 앞의 수와 뒤의 수
의 차를 합해서 결괏값으로 나타내주는 규칙을 가지고 있
습니다.

1 ♤ 2 = (1 × 2) + (1과 2의 차) = 3

6 ♤ 2 = (6 × 2) + (6과 2의 차) = 16

4 ♤ 3 = (4 × 2) + (4와 3의 차) = 9

1 ♤ 5 = (1 × 2) + (1과 5의 차) = 6

② 따라서 이 규칙으로 7 ♤ 9를 계산하면 다음과 같습니다.

7 ♤ 9 = (7 × 2) + (7과 9의 차) = 16

③ 따라서 A 에 알맞은 값은 16입니다. (정답)

연습문제 05 ························· P. 71

[정답] A ◖ B = (A × B) + A

[풀이 과정]

① 연산기호 ◖ 는 두 수의 곱과 앞의 수를 더해서 결괏값으
로 나타내주는 연산규칙을 가지고 있습니다.

1 ◖ 2 = (1 × 2) + 1 = 3

3 ◖ 6 = (3 × 6) + 3 = 21

7 ◖ 4 = (7 × 4) + 7 = 35

9 ◖ 2 = (9 × 2) + 9 = 27

② 따라서 A ◖ B를 사칙연산 식으로 나타내면 다음과 같습
니다.

A ◖ B = (A × B) + A (정답)

[정답] 풀이과정 참조

[풀이 과정]

① 연산기호 ▦ 의 규칙대로 4 ▦ 8, 8 ▦ 4를 계산하면 다음과 같습니다.

4 ▦ 8 = (4 × 8) + (4 + 8) = 32 + 12 = 44

8 ▦ 4 = (8 × 4) + (8 + 4) = 32 + 12 = 44

② 연산기호 ◎ 의 규칙대로 4 ◎ 8, 8 ◎ 4를 계산하면 다음과 같습니다.

4 ◎ 8 = (4 ÷ 8) × (4 + 8) = 0.5 × 12 = 6

8 ◎ 4 = (8 ÷ 4) × (8 + 4) = 2 × 12 = 24

③ 사칙연산기호 중 +, × 는 교환법칙이 성립하지만 −, ÷ 는 교환법칙이 성립하지 않습니다.

연산기호 ▦ 는 + 와 × 로만 이루어진 연산이기 때문에 교환법칙이 성립하여 결과가 같다고 할 수 있고, 연산기호 ◎ 는 ÷ 를 포함한 연산이기 때문에 교환법칙이 성립하지 않아 결과가 다르다고 할 수 있습니다.

[정답] 13, 20, 27, 34, 41, 48

[풀이 과정]

① 연산기호 ▤ 는 앞의 수를 뒤의 수로 나누었을 때의 몫과 나머지의 합을 결괏값으로 나타내주는 연산규칙을 가지고 있습니다.

13 ▤ 5

= (13을 5로 나누었을 때의 몫 2와 나머지 3의 합) = 5

9 ▤ 3

= (9를 3으로 나누었을 때의 몫 3과 나머지 0의 합) = 3

5 ▤ 2

= (5를 2로 나누었을 때의 몫 2와 나머지 1의 합) = 3

13 ▤ 2

= (13을 2로 나누었을 때의 몫 6과 나머지 1의 합) = 7

② 13 × {(㉠ ▤ 8) + 3} = 117이므로 ㉠ ▤ 8 = 6입니다.

두 자리 수인 ㉠ 을 8로 나누었을 때의 몫과 나머지의 합이 6이므로 이에 맞는 ㉠ 을 찾으면 다음과 같습니다.

㉠ = 13

→ 13을 8로 나누었을 때의 몫 1과 나머지 5의 합 = 6

㉠ = 20

→ 20을 8로 나누었을 때의 몫 2와 나머지 4의 합 = 6

㉠ = 27

→ 27을 8로 나누었을 때의 몫 3과 나머지 3의 합 = 6

㉠ = 34

→ 34를 8로 나누었을 때의 몫 4와 나머지 2의 합 = 6

㉠ = 41

→ 41을 8로 나누었을 때의 몫 5와 나머지 1의 합 = 6

㉠ = 48

→ 48을 8로 나누었을 때의 몫 6과 나머지 0의 합 = 6

48 이상의 수는 몫과 나머지의 합이 7 이상이 됩니다.

④ 따라서 식을 만족하는 두 자리 자연수 ㉠ 은 13, 20, 27, 34, 41, 48입니다. (정답)

[정답] 6개

[풀이 과정]

① 연산기호 ⊙ 는 두 수의 곱의 각 자리 수의 합을 결괏값으로 나타내주는 연산규칙을 가지고 있습니다.

7 ⊙ 9 = (7 × 9 = 63의 각 자리 수의 합 6 + 3) = 9

2 ⊙ 6 = (2 × 6 = 12의 각 자리 수의 합 1 + 2) = 3

4 ⊙ 7 = (4 × 7 = 28의 각 자리 수의 합 2 + 8) = 10

② 따라서 A ⊙ B = 7 를 만족하는 한 자리 수 A, B 는 A × B의 각 자리 수의 합이 7인 수입니다.

ⅰ. A × B = 7인 경우

(A, B) = (1, 7), (7, 1) → 총 2가지입니다.

ⅱ. A × B = 16인 경우

(A, B) = (2, 8), (4, 4), (8, 2) → 총 3가지입니다.

ⅲ. A × B = 25인 경우

(A, B) = (5, 5) → 총 1가지입니다.

ⅳ. A × B = 34, 43, 52, 61, 70인 경우

이를 만족하는 한 자리 수 A, B 는 존재하지 않습니다.

③ 따라서 A ⊙ B = 7 를 만족하는 한 자리 수 A, B 의 순서쌍 (A, B) 의 개수는 총 6개입니다. (정답)

(A, B) = (1, 7), (7, 1), (2, 8), (4, 4), (8, 2), (5, 5)

[정답] 66

[풀이 과정]

① 순서쌍 X(A, B, C) 는 (A × C) + B를 결괏값으로 나타내주는 규칙을 가지고 있습니다.

X(5, 1, 6) = 5 × 6 + 1 = 31

X(3, 6, 9) = 3 × 9 + 6 = 33

② 순서쌍 Y(A, B, C) 는 (A × C) − B를 결괏값으로 나타내주는 규칙을 가지고 있습니다.

Y(5, 1, 6) = 5 × 6 − 1 = 29

Y(3, 6, 9) = 3 × 9 − 6 = 21

③ 따라서 위의 규칙으로 X(1, 2, 3), X(6, 1, 3), Y(3, 1, 6) 을 먼저 계산하면 다음과 같습니다.

X(1, 2, 3) = 1 × 3 + 2 = 5

X(6, 1, 3) = 6 × 3 + 1 = 19

Y(3, 1, 6) = 3 × 6 − 1 = 17

④ 따라서 Y(5, 19, 17) 을 위의 규칙에 따라 계산하면 다음과 같습니다.

Y(5, 19, 17) = 5 × 17 − 19 = 66

⑤ 따라서 □ 에 알맞은 수는 66입니다. (정답)

연습문제 10 ·························· P. 73

[정답] 4

[풀이 과정]

①

를 계산한 값을 X 라고 하면

5	X
3	4

를 계산한 값이 8이므로 아래의 식을 얻을 수 있습니다.

$(5 \times 4) - (X \times 3) = 8 \rightarrow X = 4$

②

를 계산한 값이 4 이므로 다음과 같은 결괏값을 얻을 수 있습니다.

3	2
㉠	4

$= (3 \times 4) - (2 \times ㉠) = 4$

③ 따라서 아래의 그림의 식이 성립하기 위해선 ㉠ = 4입니다.

5	3 2 / ㉠ 4
3	4

$= 8$

연습문제 11 ·························· P. 73

[정답] 67

[풀이 과정]

① 연산기호 ♧ 는 큰 수를 작은 수로 나눈 몫과 작은 수의 합을 결괏값으로 나타내주는 연산규칙을 가지고 있습니다.

$8 ♧ 4 = (8을 4로 나눈 몫) + 4 = 6$

$2 ♧ 6 = (6을 2로 나눈 몫) + 2 = 5$

$7 ♧ 9 = (9를 7로 나눈 몫) + 7 = 8$

② 연산기호 ♣ 는 (앞의 수 - 1) × (뒤의 수의 제곱) 을 결괏값으로 나타내주는 연산 규칙을 가지고 있습니다.

$5 ♣ 3 = (5 - 1) \times 3^2 = 36$

$9 ♣ 8 = (9 - 1) \times 8^2 = 512$

$6 ♣ 1 = (6 - 1) \times 1^2 = 5$

③ 따라서 위의 규칙대로 (12 ♣ 5), (8 ♣ 3)를 먼저 계산해 보면 다음과 같습니다.

$12 ♣ 5 = (12 - 1) \times 5^2 = 275$

$8 ♣ 3 = (8 - 1) \times 3^2 = 63$

④ 위의 규칙대로 275 ♧ 63을 계산하면 다음과 같습니다.

$275 ♧ 63 = (275를 63 으로 나눈 몫) + 63 = 4 + 63 = 67$

⑤ 따라서 A 에 알맞은 수는 67입니다. (정답)

심화문제 01 ·························· P. 74

[정답] 풀이과정 참조

[풀이 과정]

① 연산기호 § 의 연산규칙은 다음과 같습니다.

$A § B = (2 \times A \times B) - (A + B)$

② 연산기호 § 는 아래와 같은 이유로 교환법칙이 성립합니다.

$A § B = (2 \times A \times B) - (A + B)$
$= (2 \times B \times A) - (B + A) = B § A$

(덧셈, 곱셈은 교환법칙이 성립하기 때문에)

③ A § (B § C)를 계산해보면 다음과 같습니다.

ⅰ. $(B § C) = (2 \times B \times C) - (B + C)$

ⅱ. $A § (B § C)$
$= [2 \times A \times \{(2 \times B \times C) - (B + C)\}]$
$- [A + \{(2 \times B \times C) - (B + C)\}]$
$= (4 \times ABC) - 2 \times (AB + BC + CA)$
$- (A - B - C)$

④ (A § B) § C를 계산해보면 다음과 같습니다.

ⅰ. $(A § B) = (2 \times A \times B) - (A + B)$

ⅱ. $(A § B) § C$
$= [2 \times \{(2 \times A \times B) - (A + B)\} \times C]$
$- [\{(2 \times A \times B) - (A + B)\} + C]$
$= (4 \times ABC) - 2 \times (AB + BC + CA)$
$+ (A + B - C)$

⑤ A § (B § C) ≠ (A § B) § C 이므로 연산기호 § 는 결합법칙이 성립하지 않습니다.

심화문제 02 ·························· P. 74

[정답] 1

[풀이 과정]

① 연산기호 ~ 는 (앞의 수 × 10 + 뒤의 수) - (앞의 수 × 뒤의 수)를 계산한 수를 결괏값으로 나타내는 연산규칙을 가지고 있습니다.

② 위의 규칙으로 2 ~ 7을 계산하면 다음과 같습니다.

$2 ~ 7 = (2 \times 10 + 7) - (2 \times 7) = 13$

③ 13 ~ (A ~ 13) = 10이므로 (A ~ 13) = X 라고 한다면 13 ~ X = 10입니다.
연산기호 ~ 의 연산규칙에 따라 식을 적으면 다음과 같습니다.
$(13 \times 10 + X) - (13 \times X) = 10$
→ X = 10입니다.

④ A ~ 13 = 10입니다.
$(A \times 10 + 13) - (A \times 13) = 10$
→ A = 1입니다. (정답)

심화문제 03 .... P. 75

[정답] 26

[풀이 과정]

① 1 ※ 2 = 5 이므로 연산기호 ※ 의 연산규칙에 따라 식을 적으면 다음과 같습니다.
$(a \times 1) + (2 \times b) = 5$
a, b 는 자연수이므로 이를 만족하는 (a, b) 는 (1, 2), (3, 1) 두 가지 뿐입니다.

② 2 ※ 3 = $(a \times 2) + (3 \times b)$입니다.
따라서 (2 ※ 3) # 4 = 64를 연산기호 # 의 연산규칙에 따라 식을 적으면 다음과 같습니다.
→ $c \times (2 \times a + 3 \times b) \times 4 = 64$
ⅰ. (a, b) = (1, 2) 인 경우
$32 \times c = 64$ 이므로 c = 2입니다.
ⅱ. (a, b) = (3, 1) 인 경우
$36 \times c = 64$ 이므로 이를 만족하는 자연수 c 는 존재하지 않습니다.
따라서 (a, b, c) = (1, 2, 2)입니다.

③ 위의 결과를 이용해서 (2 # 5)를 먼저 계산하면 다음과 같습니다.
$2 \# 5 = 2 \times 2 \times 5 = 20$
(20 ※ 3) 을 계산하면 다음과 같습니다.
$20 ※ 3 = 1 \times 20 + 2 \times 3 = 26$

④ 따라서 (2 # 5) ※ 3 = 26입니다. (정답)

심화문제 04 .... P. 75

[정답] 2

[풀이 과정]

① 연산기호 ▼ 는 (앞의 수부터 (앞의 수 + 뒤의 수)까지의 자연수의 합) 을 결괏값으로 나타내는 연산규칙을 가지고 있습니다.
2 ▼ 2 = (2부터 2 + 2 = 4까지의 자연수의 합) = 2 + 3 + 4 = 9
4 ▼ 6 = (4부터 4 + 6 = 10까지의 자연수의 합) = 4 + 5 + ⋯ + 9 + 10 = 49

1 ▼ 8 = (1부터 1 + 8 = 9까지의 자연수의 합) = 1 + 2 + ⋯ + 8 + 9 = 45
5 ▼ 5 = (5부터 5 + 5 = 10까지의 자연수의 합) = 5 + 6 + ⋯ + 9 + 10 = 45

② 따라서 A ▼ 10 는 다음과 같습니다.
A ▼ 10 = A + (A + 1) + ⋯ + (A + 9) + (A + 10) = $(11 \times A) + 55$

③ A ▼ 10 = $(11 \times A) + 55 = 77$이므로 A = 2입니다. (정답)

창의적문제해결수학 01 .... P. 76

[정답] 풀이과정 참조

[풀이 과정]

① (B △ C) = (B - C) ∪ (C - B)를 나타내면 다음과 같습니다.

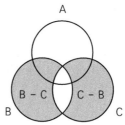

② A △ (B △ C) = {A - (B △ C)} ∪ {(B △ C) - A}입니다.
ⅰ. A - (B △ C)를 나타낸 부분은 다음과 같습니다.

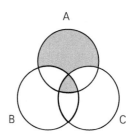

ⅱ. (B △ C) - A를 나타낸 부분은 다음과 같습니다.

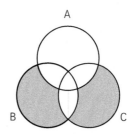

③ 따라서 A △ (B △ C) = {A - (B △ C)} ∪ {(B △ C) - A} 를 나타낸 부분은 다음과 같습니다.

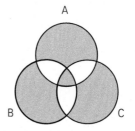

5. 도형에서의 규칙

창의적문제해결수학 **02** .... P. 77

[정답] 정답 : 630명 / 3억 5280만 유로

[풀이 과정]

① 연산기호 ◇ 는 (앞의 수 × 80 − 10) 을 결괏값으로 나타내는 규칙을 가지고 있습니다.

$2 ◇ = 2 × 80 − 10 = 150$

$3 ◇ = 3 × 80 − 10 = 230$

$4 ◇ = 4 × 80 − 10 = 310$

② 연산기호 ◆ 는 {(앞의 수) × (앞의 수 − 1) × (뒤의 수)} 를 결괏값으로 나타내는 규칙을 가지고 있습니다.

$2 ◆ 150 = 2 × 1 × 150 = 300$

$3 ◆ 230 = 3 × 2 × 230 = 1380$

$4 ◆ 310 = 4 × 3 × 310 = 3720$

③ 위의 규칙으로 8 층 건물을 지으려 할 때의 인원 수와 금액은 다음과 같습니다.

인원 수 $= 8 ◇ = 8 × 80 − 10 = 630$ (명)

금액 $= 8 ◆ 630 = 8 × 7 × 630 = 35280$ (만 유로)

대표문제1 확인하기 .... P. 83

[정답] 67.5

[풀이 과정]

① 1단계 도형의 둘레가 9이고 2단계 도형은 1단계 도형의 각 변을 3등분 한 뒤 작은 정삼각형을 덧붙여서 만든 도형이므로 2단계 도형의 둘레는 12입니다.

→ 1단계 도형의 둘레 : 2단계 도형의 둘레 = 3 : 4

② 위와 마찬가지로 3단계 도형의 둘레를 계산해보면 16이 됩니다.

2단계 도형의 둘레는 12 이므로 2단계 도형과 3단계 도형의 둘레의 비는 다음과 같습니다.

→ 2단계 도형의 둘레 : 3단계 도형의 둘레 = 3 : 4

③ 각 단계의 도형의 둘레를 차례대로 나열하면 첫번째 항이 9이고 공비가 $\frac{4}{3}$ 인 등비수열이 됩니다.

이러한 등비수열의 n번째 항 $= 9 × (\frac{4}{3})^{n-1}$

④ 따라서 <8단계> 도형의 둘레는 다음과 같습니다.

<8단계> 도형의 둘레 $= 9 × (\frac{4}{3})^{8-1} = 9 × (\frac{4}{3})^{7} = 9 × 7.5 = 67.5$

대표문제2 확인하기 .... P. 85

[정답] 405

[풀이 과정]

① <1단계> 정육면체의 한 변의 길이는 3이므로 겉넓이는 $6 × 9 = 54$입니다.

② <1단계> 도형에서 <2단계> 도형이 될 때, 각 면을 9등분하여 각 면의 가운데 사각형 총 6개가 사라지고 내부에 그와 넓이가 같은 새로운 면적이 24개 생깁니다.

따라서 <2단계> 도형의 겉넓이는 72입니다.

→ <1단계> 도형의 겉넓이 : <2단계> 도형의 겉넓이 = 3 : 4

③ 위와 마찬가지의 방식으로 <3단계> 도형의 넓이를 구하면 <3단계> 도형의 겉넓이는 96입니다.

→ <2단계> 도형의 겉넓이 : <3단계> 도형의 겉넓이 = 3 : 4

④ 각 단계 도형의 겉넓이를 차례대로 나열하면 첫번째 항이 54 이고 공비가 $\frac{4}{3}$ 인 등비수열이 됩니다.

⑤ 따라서 <8단계> 맹거 스펀지의 겉넓이는 다음과 같습니다.

<8단계> 맹거 스펀지의 겉넓이 $= 54 × (\frac{4}{3})^{8-1} = 54 × (\frac{4}{3})^{7} = 54 × 7.5 = 405$

[정답] 265개

[풀이 과정]

① 각 단계에서 작은 정사각형의 개수를 나열해보면 다음과 같습니다.

$$1, \quad 5, \quad 13, \quad 25, \cdots$$
$$+4 \quad +8 \quad +12$$

작은 정사각형의 개수를 나열하면 각 항끼리의 차이가 위와 같이 첫번째 항이 4, 공차가 4인 등차수열이 됩니다.

② 따라서 <12단계>의 도형을 만들기 위해 필요한 작은 정사각형의 개수는 다음과 같습니다.
(<1단계>에서의 작은 정사각형의 개수) + (첫번째 항이 4, 공차가 4인 등차수열의 11번째 항까지의 합)

③ 첫번째 항이 4, 공차가 4인 등차수열의 11번째 항까지의 합은 다음과 같습니다.

$$\frac{11 \times (8 + 10 \times 4)}{2} = 11 \times 24 = 264$$

④ 따라서 <12단계> 도형을 만들기 위한 작은 정사각형의 개수는 1 + 264 = 265개입니다. (정답)

[정답] 390

[풀이 과정]

① 각 단계에서의 점의 개수를 세보면 다음과 같습니다.
<1단계>에 있는 점의 개수 = (1 + 2) 개
<2단계>에 있는 점의 개수 = (1 + 2 + 3 + 4 + 5) − (1)개
<3단계>에 있는 점의 개수 = (1 + 2 + 3 + ⋯ + 7 + 8) − (1 + 2)개
(1부터 2까지의 합, 1부터 5까지의 합, 1부터 8까지의 합, ⋯)

② 따라서 위의 규칙에 따르면 <10단계>에 있는 점의 개수는 다음과 같습니다.
<10단계>에 있는 점의 개수 = (1 + 2 + 3 + ⋯ + 28 + 29) − (1 + 2 + ⋯ + 8 + 9) 개

③ (1 + 2 + 3 + ⋯ + 28 + 29)은 첫번째 항이 1, 공차가 1인 등차수열의 29번째 항까지의 합이므로

$$\frac{29 \times (2 + 28 \times 1)}{2} = 435입니다.$$

(1 + 2 + ⋯ + 8 + 9)는 첫번째 항이 1, 공차가 1인 등차수열의 9번째 항까지의 합이므로

$$\frac{9 \times (2 + 8 \times 1)}{2} = 45입니다.$$

④ 따라서 <10단계>에 있는 점의 개수는 435 − 45 = 390개입니다. (정답)

[정답] 4095

[풀이 과정]

① 원 O_1은 반지름의 길이가 1이므로 넓이는 $\pi \times 1^2 = 3$입니다.
원 O_2는 반지름의 길이가 2이므로 넓이는 $\pi \times 2^2 = 12$입니다.
원 O_3는 반지름의 길이가 4이므로 넓이는 $\pi \times 4^2 = 48$입니다.
각 원의 넓이를 차례대로 나열하면 3, 12, 48, ⋯ 이므로 첫번째 항이 3, 공비가 4인 등비수열이 됩니다.

② 따라서 원 O_1부터 원 O_6까지의 넓이를 모두 합한 값은 첫번째 항이 3, 공비가 4인 등비수열의 6번째 항까지의 합이므로 식은 다음과 같습니다.

$$\frac{3 \times (4^6 - 1)}{4 - 1} = 4095$$

[정답] 61단계

[풀이 과정]

① 각 단계의 정사각형의 개수를 홀수번째와 짝수번째로 나누어서 적으면 다음과 같습니다.
<홀수번째 단계>의 정사각형의 개수 : 1 × 2, 2 × 3, 3 × 4, ⋯
<짝수번째 단계>의 정사각형의 개수 : 2^2, 3^2, 4^2, ⋯

② 따라서 n × (n + 1) 또는 n^2이 992가 되는 n의 값을 먼저 찾습니다.
992 = 31 × 32입니다.
따라서 이 도형은 <홀수번째 단계> 중 31번째 도형이므로 61번째 도형입니다. (정답)

[정답] 961개

[풀이 과정]

① 각 단계 도형의 둘레를 나열하면 아래와 같이 첫번째 항이 3, 공차가 3인 등차수열이 됩니다.
3, 6, 9, 12, ⋯
따라서 <n 단계> 도형의 둘레는 3 + (n − 1) × 3이므로 둘레가 93인 <n 단계> 도형은 <31단계> 도형입니다. (3 + (n − 1) × 3 = 93 → n = 31)

② 각 단계 도형을 만드는데 필요한 작은 정삼각형의 개수를 나열하면 아래와 같습니다.
1, (1 + 3), (1 + 3 + 5), (1 + 3 + 5 + 7), ⋯, (1 + 3 + 5 + 7 + ⋯ + 59 + 61)

따라서 〈31단계〉 도형을 만드는데 필요한 작은 정삼각형의 개수는 첫번째 항이 1, 공차가 2인 등차수열의 31번째 항까지의 합입니다.

첫번째 항이 1, 공차가 2인 등차수열의 31번째 항까지의 합

$$= \frac{31 \times (2 + 30 \times 2)}{2} = 961$$

③ 따라서 둘레의 길이가 93인 〈31단계〉 도형은 961개의 작은 정삼각형을 붙여서 만든 도형입니다. (정답)

④ 〈다른 방법〉 각 단계의 삼각형의 개수는 $1^2, 2^2, 3^2 \cdots$ 이므로 31단계의 삼각형의 개수는 $31^2 = 961$개입니다.

연습문제 06 ·························· P. 88

[정답] 10단계

[풀이 과정]

① 〈보기〉에서의 규칙은 색칠되어 있지 않은 정사각형을 4등분하여 왼쪽 위, 오른쪽 아래 부분에 색칠하는 것입니다.

② 각 단계에서 색칠된 정사각형의 개수를 나열하면 다음과 같습니다.

0,   2,   6,   14,   30, …
  +2   +4   +8   +16

색칠된 정사각형의 개수를 나열하면 각 항의 차이가 첫번째 항이 2, 공비가 2인 등비수열이 되는 것을 확인할 수 있습니다.

② 〈n 단계〉에서 색칠된 정사각형의 개수는 첫번째 항이 2, 공비가 2인 등비수열의 (n − 1)번째 항까지의 합입니다.
〈n 단계〉에서 색칠된 정사각형의 개수

$$= \frac{2 \times (2^{n-1} - 1)}{2 - 1} = 2^n - 2$$

③ $2^n - 2 > 1000$을 만족하는 n은 10 이상의 자연수입니다. 따라서 색칠된 정사각형의 개수가 처음으로 1000개가 넘는 단계는 〈10단계〉입니다. (정답)

연습문제 07 ·························· P. 89

[정답] 1093

[풀이 과정]

① 각 단계에서 나누어진 부분의 개수를 차례대로 나열하면 다음과 같습니다.

1,   4,   13,   40, …
  +3   +9   +27

따라서 각 단계에서 나누어진 부분의 개수를 나열하면 각 항의 차이가 첫번째 항이 3, 공비가 3인 등비수열이 되는 것을 확인할 수 있습니다.

② 따라서 〈7단계〉에서 나누어진 부분의 개수는 (〈1단계〉에서 나누어진 부분의 개수) + (첫번째 항이 3, 공비가 3인 등비수열의 6번째 항까지의 합)입니다.

③ 첫번째 항이 3, 공비가 3인 등비수열의 6번째 항까지의 합은 다음과 같습니다.

$$\frac{3 \times (3^6 - 1)}{3 - 1} = 1092$$

④ 따라서 〈7단계〉에서 나누어진 부분의 개수는 1 + 1092 = 1093개입니다. (정답)

연습문제 08 ·························· P. 89

[정답] $\frac{565}{64}$

[풀이 과정]

① 각 단계에서 만들어지는 새로운 정사각형의 넓이를 나열하면 다음과 같습니다.

= 전체의 $\frac{2}{4}$ = 전체의 $\frac{5}{9}$

$$10 \times \frac{2}{4} ,\ 10 \times \frac{5}{9} ,\ 10 \times \frac{10}{16} ,\ 10 \times \frac{17}{25} ,\ \cdots$$

각 단계에서 곱해지는 수의 분모는 $(n + 1)^2$이 됩니다.
각 단계에서 곱해지는 수의 분자는 2, 5, 10, 17, … 로, 이 수들의 차이는 첫번째 항이 3, 공차가 2인 등차수열입니다.

② 따라서 〈15단계〉에서 곱해지는 수의 분모는 $16^2 = 256$입니다.

③ 첫번째 곱해지는 수의 분자는 2 + (첫번째 항이 3, 공차가 2인 등차수열의 14번째 항까지의 합)입니다. 첫번째 항이 3, 공차가 2인 등차수열의 14번째 항까지의 합은 다음과 같습니다.

$$\frac{3 \times 2 + (n - 1) \times 2}{2} \times n = \frac{6 + 13 \times 2}{2} \times 14 = 224$$

따라서 곱해지는 수의 분자는 2 + 224 = 226입니다.

④ 따라서 〈15단계〉에서 만들어지는 새로운 정사각형의 넓이는 $10 \times \frac{226}{256} = \frac{2260}{256} = \frac{565}{64}$ 입니다. (정답)

심화문제 01 .... P. 90

[정답] 삼각형, 십이각형

[풀이 과정]

① n 각형에서 가장 작은 각이 $40°$ 이고 인접한 항끼리의 차이가 $20°$ 이므로 이 n 각형의 각들은 첫번째 항이 40, 공차가 20이고 항의 개수가 n 개인 등차수열입니다.

② 따라서 이 등차수열의 합과 n 각형의 내각이 같게되는 n 값을 찾습니다.

　i. 첫번째 항이 40, 공차가 20, 항의 개수가 n 인 등차수열의 합

$$\frac{n \times (80 + (n-1) \times 20)}{2}$$

　ii. n 각형의 내각 $= 180 \times (n-2)$

③ 따라서 식은 다음과 같습니다.

$n \times \{40 + (n-1) \times 10\} = 180 \times (n-2)$

$\rightarrow n^2 - 15n + 36 = 0 \rightarrow$ n = 3 또는 12

④ 따라서 이를 만족하는 n 각형은 삼각형 또는 십이각형입니다. (정답)

심화문제 02 .... P. 91

[정답] 175

[풀이 과정]

① 각 선분의 길이를 차례대로 나열하면 다음과 같습니다.

1,　2,　4,　7,　11, …
　+1　+2　+3　+4

각 선분의 길이를 차례대로 나열하면 인접한 항들끼리의 차이가 첫번째 항이 1, 공차가 1인 등차수열이 됩니다.

② 따라서 첫번째 선분부터 열번째 선분까지의 길이의 합은 다음과 같습니다.

첫번째 선분의 길이 = 1
두번째 선분의 길이 = 1 + 1
세번째 선분의 길이 = 1 + 1 + 2
네번째 선분의 길이 = 1 + 1 + 2 + 3
　　　　　　　⋮
아홉번째 선분의 길이 = 1 + 1 + 2 + 3 + ⋯ + 7 + 8
열번째 선분의 길이 　= 1 + 1 + 2 + 3 + ⋯ + 7 + 8 + 9

③ 따라서 선분의 길이의 합 = $(1 \times 10) + (1 \times 9) + (2 \times 8)$
$+ (3 \times 7) + \cdots + (8 \times 2) + 9$
$= 10 + 9 + 16 + 21 + 24 + 25 + 24 + 21 + 16$
$+ 9 = 175$입니다. (정답)

심화문제 03 .... P. 92

[정답] 223개

[풀이 과정]

① 각 줄에 있는 점의 개수를 나열해보면 다음과 같습니다.

1　3　6　12　23 …
　+2　+3　+6　+11

② 각 줄에 있는 점의 개수를 나열했을 때, 각 항들의 차이를 나열하면 다음과 같습니다.

2　3　6　11 …
　+1　+3　+5

따라서 각 항들의 차이를 나열하고 다시 한 번 각 항들의 차이를 구하면 첫번째 항이 1, 공차가 2인 등차수열이 되는 것을 확인할 수 있습니다.

따라서 각 줄에 있는 점의 개수의 차이를 나열한 것은 다음과 같습니다.

2　3　6　11　18　27　38　51　66 …
　+1　+3　+5　+7　+9　+11　+13　+15

③ 따라서 각 줄에 있는 점의 개수를 나열한 것은 다음과 같습니다.

1　3　6　12　23　41　68　106　157　223 …
　+2　+3　+6　+11　+18　+27　+38　+51　+66

④ 따라서 <10번째 줄> 에 있는 점의 개수는 223개입니다. (정답)

심화문제 04 .... P. 93

[정답] $\frac{1}{16}$

[풀이 과정]

① <1단계> 정사면체의 한 변의 길이와 <2단계> 도형에서 작은 정사면체의 한 변의 길이의 비는 2 : 1이고 두 도형은 닮음입니다. 따라서 부피의 비는 8 : 1이 됩니다.
<2단계> 도형은 작은 정사면체 4개로 구성된 도형이므로 <1단계> 도형의 부피와 <2단계> 도형의 부피의 비는 8 : 4 = 2 : 1이 됩니다.

② 이는 단계가 거듭될 때마다 마찬가지이므로 결국 각 단계 도형의 부피를 나열하면 첫번째 항이 16이고 공비가 $\frac{1}{2}$ 인 등비수열이 됩니다.

16, 8, 4, 2, 1, …

③ 따라서 <9단계> 도형의 부피는 첫번째 항이 16이고 공비가 $\frac{1}{2}$ 인 등비수열의 9번째 항이 되므로 식은 다음과 같습니다.

<9단계> 도형의 부피 $= 16 \times \left(\frac{1}{2}\right)^{9-1} = \frac{1}{16}$ (정답)

[정답] 풀이과정 참조

[풀이 과정]

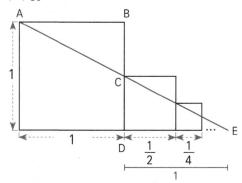

① 위의 그림과 같이 연장선을 그립니다. 한 변의 길이가 계속 절반이 되는 정사각형들을 나열하는 것이므로 선분 BC와 선분 CD의 길이는 같습니다.

② 또한 ∠ACB와 ∠ECD는 맞꼭지각으로 서로 같으며 ∠ABC와 ∠CDE는 직각으로 서로 같습니다.

③ 따라서 △ABC와 △CDE는 (ASA 합동)이 됩니다.
두 삼각형이 합동이므로 선분 AB = 선분 DE = 1입니다.

④ 선분 AE는 정사각형들의 왼쪽 위 꼭지점을 지나는 선분이므로 $\frac{1}{2} + \frac{1}{4} + \frac{1}{8} + \frac{1}{16} + \cdots$ 의 값은 선분 DE를 넘어갈 수 없고 사각형들을 계속 그리면 사각형들의 밑변의 합은 선분 DE의 길이에 가까워지게 됩니다.

⑤ 따라서 첫번째 항이 $\frac{1}{2}$ 이고 공비가 $\frac{1}{2}$ 인 등비수열의 모든 항을 계속 너한 값은 1이 됩니다.

[정답] 노란색 벽돌의 개수 = 270개, 빨간색 벽돌의 개수 = 330개

[풀이 과정]

① 각 단계에서 노란색 벽돌의 개수와 빨간색 벽돌의 개수를 적으면 다음과 같습니다.
<1단계> 에서 노란색 벽돌의 개수 : 6개
<1단계> 에서 빨간색 벽돌의 개수 : 0개
<2단계> 에서 노란색 벽돌의 개수 : 6개
<2단계> 에서 빨간색 벽돌의 개수 : 18개
<3단계> 에서 노란색 벽돌의 개수 : (6 + 30)개
<3단계> 에서 빨간색 벽돌의 개수 : 18개

② 노란색 벽돌은 <홀수번째 단계> 에서 증가하고 빨간색 벽돌은 <짝수번째 단계> 에서 증가합니다.

③ 노란색 벽돌은 6, (6 + 30), (6 + 30 + 54), ⋯ 와 같이 늘어갑니다.
<10단계> 에서의 노란색 벽돌의 개수 = <9단계> 에서의 노란색 벽돌의 개수입니다.
<9단계> 에서의 노란색 벽돌의 개수
= (6 + 30 + 54 + 78 + 102) = 270개입니다.

④ 빨간색 벽돌은 18, (18 + 42), (18 + 42 + 66), ⋯ 와 같이 늘어갑니다.
<10단계> 에서의 빨간색 벽돌의 개수
= (18 + 42 + 66 + 90 + 114) = 330개입니다.